全国渔业船员培训统编教材

农业部渔业渔政管理局　组编

船 舶 电 气

（海洋渔业船舶一级、二级轮机人员适用）

单海校　编著

中国农业出版社

图书在版编目（CIP）数据

船舶电气：海洋渔业船舶一级、二级轮机人员适用 /
单海校编著 . —北京：中国农业出版社，2017.1
全国渔业船员培训统编教材
ISBN 978 - 7 - 109 - 22660 - 9

Ⅰ.①船…　Ⅱ.①单…　Ⅲ.①船用电气设备-职业培
训-教材　Ⅳ.①U665

中国版本图书馆 CIP 数据核字（2017）第 013831 号

中国农业出版社出版
（北京市朝阳区麦子店街 18 号楼）
（邮政编码 100125）
策划编辑　郑　珂　黄向阳
责任编辑　肖　邦

三河市君旺印务有限公司印刷　新华书店北京发行所发行
2017 年 3 月第 1 版　2017 年 3 月河北第 1 次印刷

开本：700mm×1000mm　1/16　印张：13.75
字数：308 千字
定价：50.00 元
（凡本版图书出现印刷、装订错误，请向出版社发行部调换）

全国渔业船员培训统编教材
编审委员会

丛书序

安全生产事关人民福祉，事关经济社会发展大局。近年来，我国渔业经济持续较快发展，渔业安全形势总体稳定，为保障国家粮食安全、促进农渔民增收和经济社会发展作出了重要贡献。"十三五"是我国全面建成小康社会的关键时期，也是渔业实现转型升级的重要时期，随着渔业供给侧结构性改革的深入推进，对渔业生产安全工作提出新的要求。

高素质的渔业船员队伍是实现渔业安全生产和渔业经济持续健康发展的重要基础。但当前我国渔民安全生产意识薄弱、技能不足等一些影响和制约渔业安全生产的问题仍然突出，涉外渔业突发事件时有发生，渔业安全生产形势依然严峻。为加强渔业船员管理，维护渔业船员合法权益，保障渔民生命财产安全，推动《中华人民共和国渔业船员管理办法》实施，农业部渔业渔政管理局调集相关省渔港监督管理部门、涉渔高等院校、渔业船员培训机构等各方力量，组织编写了这套"全国渔业船员培训统编教材"系列丛书。

这套教材以农业部渔业船员考试大纲最新要求为基础，同时兼顾渔业船员实际情况，突出需求导向和问题导向，适当调整编写内容，可满足不同文化层次、不同职务船员的差异化需求。围绕理论考试和实操评估分别编制纸质教材和音像教材，注重实操，突出实效。教材图文并茂，直观易懂，辅以小贴士、读一读等延伸阅读，真正做到了让渔民"看得懂、记得住、用得上"。在考试大纲之外增加一册《渔业船舶水上安全事故案例选编》，以真实事故调查报告为基础进行编写，加以评论分析，以进行警示教育，增强学习者的安全意识、守法意识。

相信这套系列丛书的出版将为提高渔民科学文化素质、安全意识和技能以及渔业安全生产水平，起到积极的促进作用。

　　谨此，对系列丛书的顺利出版表示衷心的祝贺！

农业部副部长

2017 年 1 月

前　言

随着科技发展，海洋渔业船舶正向大型化、自动化、信息化等方向发展。但是，我国海洋渔业从业人员大多数没有接受过正式的培训，特别是海洋渔业船员尚未掌握先进渔船的设备性能，缺乏掌握先进捕捞技术和驾驭现代化渔业船舶的能力。因此，加强海洋渔业船员综合素质培训，将有力支撑现代海洋渔业产业体系，加快实现我国由海洋渔业大国向现代海洋渔业强国的跨越式发展。

本书严格按照《农业部办公厅关于印发渔业船员考试大纲的通知》（农办渔〔2014〕54 号）中关于海洋渔业船员理论考试和实操评估的要求编写，融入对全国海洋渔业船舶的调研成果，以及编者多年的教学培训经验和实操技能，突出适任培训和注重实践的特点，旨在培养、提高船员在实践中对技术的应用水平和对设备的操作能力。

全书共四章，第一章船舶电工电子基础，简单介绍了电工电子的基本概念；第二章船舶电机与电力拖动控制系统，重点介绍了船舶各类电机、常用控制电器和拖动控制系统；第三章船舶发电机和配电系统，重点介绍了船舶配电装置、船用保护电器、并车操作、功率转移、应急电源、照明系统及电站运行的安全保护等，并简单介绍了船舶自动化电站；第四章船舶电气安全管理与维护，重点介绍安全用电常识、电气火灾预防、接地与保护措施及船舶电气设备调试与维护。

本书包含船舶电气的基本理论和实际应用知识，力求理论通俗化，突出内容的实用性和可操作性，适用于全国海洋渔业船舶一级、二级轮机人员的学习、培训和考试，也可作高等院校船舶电子电气工程、船舶与海洋工程、轮机工程等相关专业的教材以及船员上船工作的工具书。

本书由浙江海洋大学单海校编著，在编写、出版过程中，得到农业部渔业渔政管理局的关心和大力支持，同时也借鉴、参考了该领域相关书籍和文献资料，听取和采纳了一些同行的宝贵意见和建议，在此一并表示感谢。

限于编者的水平及经验，书中难免存在不妥及错误之处，敬请读者批评指正，以求今后进一步改进。

编著者

2017 年 1 月

目 录

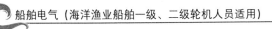

第一章　船舶电工电子基础

第一节　电路分析

电路是电流的通路，由电路元（器）件按一定要求连接而成，为电流的流通提供路径的集合体。电路的基本功能是实现电能的传输和分配或者电信号的产生、传输和处理。

一、电路的组成

电路有三个组成部分：电源、负载和中间环节。如图 1-1 所示。其作用是实现电能的传输和转换。

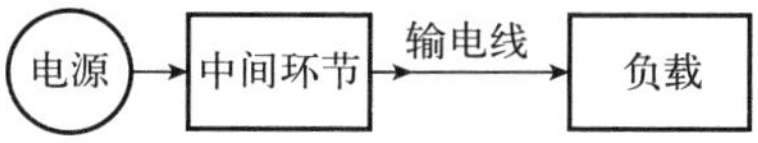

电源将其他能转换为电能。船舶上常用柴油发电机和蓄电池作为电源。

图 1-1　电路

负载是消耗电能的设备，把电能转换为机械能、光能、热能等，如电动机、电灯等。

中间环节把电源和负载连接起来，起到传输和分配电能的作用，如输电线和变压器。

二、电路的基本物理量

1. 电流

（1）电流的定义及单位　电流就是电荷的定向运动，用符号 I 来表示。

电流的单位是安培，简称安（A），实用中还有毫安（mA）和微安（μA）等。

$$1A = 10^3 \, mA = 10^6 \, \mu A$$

（2）电流的参考方向　电流的方向，有实际方向和参考方向之分，要加以区别。

规定实际方向为正电荷运动的方向或负电荷运动的相反方向为电流的方

向。电流的方向是客观存在的。但在分析较为复杂的直流电路时，往往难以事先判断某支路中电流的实际方向。为此，在分析与计算电路时，常可任意选定某一方向作为电流的参考方向，或称为正方向。

所选的电流的参考方向并不一定与电流的实际方向一致。参考方向可以任意设定，在电路中用箭头表示，并且规定，如果电流的实际方向与参考方向一致，电流为正值；反之，电流为负值，如图1-2所示。不设定参考方向而谈电流的正负是没有意义的。

图1-2　电流的参考方向

2. 电压

（1）电压的定义及单位　高电位和低电位之间的差叫电位差，也叫电压。换句话说，电压是指电路中两点之间的电位差。

电压的单位为伏特，简称伏（V），实用中还有千伏（kV）、毫伏（mV）和微伏（μV）等。

$$1 \text{ V} = 10^3 \text{ mV} = 10^6 \text{ } \mu\text{V}$$

（2）电压的参考方向　电压的实际方向规定为高电位（"＋"极性）端指向低电位（"－"极性）端，即为电位降低的方向。

在电路图上所标的方向，一般都是参考方向，它们是正值还是负值，视选定的参考方向而定。电压的参考方向可用箭头"→"表示，也可用双下标表示，还可用极性"＋""－"表示，"＋"表示高电位，"－"表示低电位。多数情况下采用双下标和极性表示法。

当电压的参考方向与实际方向一致时，电压为正（$U>0$）；当电压的参考方向与实际方向相反时，电压为负（$U<0$），如图1-3所示。

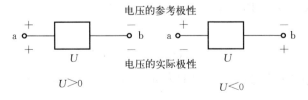

图1-3　电压的参考极性

3. 电流、电压的关联参考方向

在电路分析中，电流的参考方向和电压的参考极性都可以各自独立地任意设定。但为了方便，通常采用关联参考方向。对于一个电路元件，当它的电压和电流的参考方向一致时，通常称为关联参考方向，即电流从标电压"＋"极性的一端流入，并从标电压"－"极性的另一端流出，如图1-4所示。

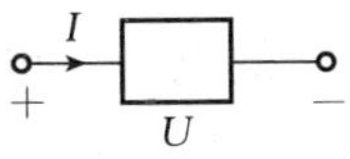

图1-4　关联参考方向

4. 电功率

（1）电功率的定义及单位　电流在单位时间内做的功叫做电功率。电功率（简称功率）是用来表示消耗电能的快慢的物理量。

在直流电路中，对应消耗的功率如式（1-1）所示：

$$P=UI \tag{1-1}$$

功率的单位为瓦特，简称瓦（W）。实用中还有千瓦（kW）、毫瓦（mW）等。

$$1\,kW=10^3\,W=10^6\,mW$$

（2）电功率正负时的意义　在电压、电流符合关联参考方向的条件下，当 P 为正值时，表明该段电路消耗功率；当 P 为负值时，则表明该段电路向外提供功率，即产生功率。通常所说的功率 P 又叫做有功功率或平均功率。如果电压、电流不符合关联参考方向，则结论与上述相反。

5. 电能

电能指电以各种形式做功的能力。

在直流电路中，电能计算如式（1-2）所示：

$$W=UIt \tag{1-2}$$

式中　t——通电时间。

电能的单位为焦耳，简称焦（J）。实用单位还有度（千瓦时），1度＝1 kW×1 h＝1 千瓦时（kW·h），即功率为 1 000 W 的供能或耗能元件，在 1 h 的时间内所发出或消耗的电能量为 1 度。

三、电路的连接方式

1. 串联

两个或两个以上电阻一个接一个成串地连接起来，中间无分支，置于电源电压的作用下，就组成了电阻串联电路，如图1-5所示。

串联电路的特点：① 各电阻中通过同一电流。② 总电阻等于各个串联电阻之和。③ 串联电阻上电压的分配与电阻成正比。④ 串联电阻上各电阻消耗的功率与电阻成正比。

电阻串联的应用很多。譬如在负载的额定电压低于电源电压的情况下，通常需要与负载串联一个电阻，以降落一部分电压。有时为了限制负载中通过过大的电流，也可以与负载串联一个限流电阻。如果需要调节电路中的电流时，一般也可以在电路中串联一个变阻器来进行调节。另外，改变串联电阻的大小可以得到不同的输出电压。

2. 并联

两个或两个以上的电阻接在两个结点之间，在电源电压的作用下，它们两端的电压都相等，这种连接方式称为并联。如图 1-6 所示。

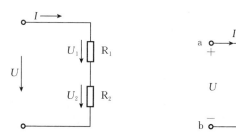

图 1-5　电阻串联及其等效电路　　图 1-6　电阻并联及其等效电路

并联电路的特点：① 每个电阻上受到同一电压。② 总电阻倒数等于各个并联电阻倒数之和。③ 并联电阻上电流的分配与电阻成反比。④ 并联电阻上消耗的功率与电阻成反比。

一般负载都是并联运用的。负载并联运用时，它们处于同一电压之下，任何一个负载的工作情况基本上不受其他负载的影响。

有时为了某种需要，可将电路中的某一段与电阻或变阻器并联，以起分流或调节电流的作用。

3. 电阻的混联

既有串联又有并联的电路称为混联电路。对于电阻混联电路，可以应用等效的概念，逐次求出各串、并联部分的等效电路，从而最终将其简化成一个无分支的等效电路，通常称这类电路为简单电路；不能用串、并联的方法简化的电路，则称为复杂电路。

四、欧姆定律

欧姆定律确定了电阻元件上电压和电流之间的约束关系，通常称特性约束。

图 1-7 中，电流与电压取关联参考方向，导体中的电流跟导体两端的电压成正比，跟导体的电阻阻值成反比，这就是欧姆定律，基本公式是：

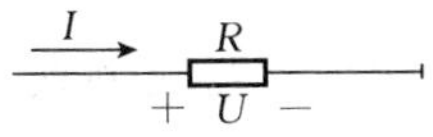

图 1-7　欧姆定律

$$I = \frac{U}{R} \qquad (1\text{-}3)$$

第二节　正弦交流电路

本章第一节分析的是直流电路，其中的电流和电压的大小和方向（或电压的极性）是不随时间而变化的。目前船舶上广泛使用的交流电，一般是指正弦交流电，它们是按正弦规律变化的。

一、正弦交流电的基本概念

在正弦交流电路中，电压和电流的大小和方向随时间按正弦规律变化。凡按照正弦规律变动的电压、电流等统称正弦量。正弦量的特征表现在变化的大小、快慢及初始值三个方面，而它们分别由振幅值（或有效值）、频率（或周期）和初相位来确定。以正弦电流为例，函数表达式如式（1-4）所示，波形如图 1-8 所示。对于给定的参考方向，正弦量的一般解析函数式为：

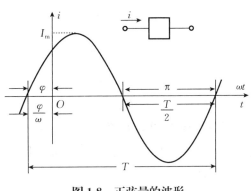

图 1-8　正弦量的波形

$$i(t) = I_m \sin(\omega t + \varphi) \qquad (1\text{-}4)$$

1. 正弦量的三要素

（1）瞬时值和振幅值　交流量任一时刻的值称瞬时值，用小写字母来表示，如 i、u 分别表示电流、电压的瞬时值。瞬时值中的最大值（指绝对值）称为正弦量的振幅值，又称峰值。I_m、U_m 分别表示正弦电流、电压的振幅值。

（2）周期和频率　正弦量变化一周所需的时间称为周期。通常用"T"

表示，单位为秒（s）。实用单位还有毫秒（ms）、微秒（μs）、纳秒（ns）。正弦量每秒钟变化的周数称为频率，用"f"表示，单位为赫兹（Hz）。周期和频率互成倒数，即：

$$f = \frac{1}{T} \tag{1-5}$$

我国和大多数国家都采用 50 Hz 作为电力标准频率，有些国家（如美国、日本等）采用 60 Hz。这种频率在工业上应用广泛，习惯上也称为工频。

（3）相位、角频率和初相位　正弦量解析式中的 $\omega t + \varphi$ 称为相位角，简称相位，它反映出正弦量变化的进程。正弦量在不同的瞬间，有着不同的相位，因而有着不同的状态（包括瞬时值和变化趋势）。相位的单位一般为弧度（rad）。

相位角变化的速度 ω 称为角频率，其单位为 rad/s。相位变化 2π，经历一个周期 T，那么：

$$\omega = \frac{2\pi}{T} = 2\pi f \tag{1-6}$$

由式（1-6）可见，角频率是一个与频率成正比的常数。

$$i(t) = I_m \sin(2\pi f t + \varphi) = I_m \sin\left(\frac{2\pi}{T}t + \varphi\right)$$

$t = 0$ 时，相位为 φ，称其为正弦量的初相位。此时的瞬时值 $i(0) = I_m \sin(\varphi)$ 称为初始值。

正弦交流电的最大值、频率和初相位叫做正弦交流电的三要素。三要素描述了正弦交流电的大小、变化快慢和起始状态。

2. 相位差

（1）相位差　如果两个频率相同的正弦交流量，但初相位不同，则这两个正弦交流量不能同时达到最大值或零。为了比较两个正弦交流量，我们引入相位差的概念，就是两个同频率正弦交流电的相位之差。

设有任意两个相同频率的正弦电流，其表达式分别为：

$$i_1(t) = I_{m1} \sin(\omega t + \varphi_{i1})$$

$$i_2(t) = I_{m2} \sin(\omega t + \varphi_{i2})$$

其波形如图 1-9 所示。

相位差用 φ 或 φ 带双下标表示：

$$\varphi = (\omega t + \varphi_{i1}) - (\omega t + \varphi_{i2}) = \varphi_{i1} - \varphi_{i2} \tag{1-7}$$

上式表明，同频率正弦交流电的相位之差，实质上就是它们的初相角之差。

当两个同频率正弦量的计时起点改变时，它们各自的初相也随之改变，但二者的相位差却保持不变。通常相位差的范围亦为（－π，＋π）。

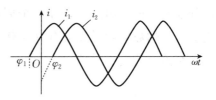

图 1-9 同频率两个正弦量

（2）**相位差的几种情况** 相位差与计时起点无关，是一个定数。相位差只针对同频率正弦量的而言，不同频率的正弦量没有相位差的概念，这点要注意。

① 若 $\varphi>0$，称 u 超前电流 i 一个角度 φ，或称电流 i 滞后 u 一个角度 φ，如图 1-10a 所示。

② 若 $\varphi=0$，即两个同频率正弦量的相位差为零，称同相位，简称同相，如图 1-10b 所示。

③ 若 $\varphi=\dfrac{\pi}{2}$，则称相位正交，如图 1-10c 所示。

④ 若 $\varphi=\pi$，则称反相位，简称反相，如图 1-10d 所示。

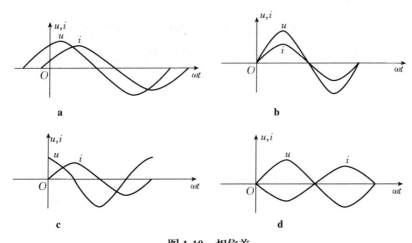

图 1-10 相位差

a. 超前 $\varphi>0$ b. 同相 $\varphi=0$ c. 正交 $\varphi=\pi/2$ d. 反相 $\varphi=\pi$

3. 正弦量的有效值

正弦电流和电压的大小往往不是用它们的幅值，而是常用有效值（均方根值）来计量的。

交流电的有效值是根据它的热效应来确定。如某一交流电流和一直流电流分别通过同一电阻 R，在一个周期 T 内所产生的热量相等，那么这个直流电流 I 的数值叫做交流电流的有效值。

交流电流的有效值：

$$I = \frac{I_{\mathrm{m}}}{\sqrt{2}} \tag{1-8}$$

同理，交流电压的有效值为：

$$U = \frac{U_{\mathrm{m}}}{\sqrt{2}} \tag{1-9}$$

按照规定，有效值都用大写字母表示，和表示直流的字母一样。

一般所讲的正弦电压或电流的大小，如交流电压 380 V 或 220 V，都是指它的有效值。一般交流电流表和电压表的刻度也是根据有效值来定的。

二、电阻、电感、电容元件

电阻元件具有消耗电能的性质（电阻性），电容元件具有存储电场能量的性质（电容性），电感元件具有存储磁场能量的性质（电感性）。电阻元件是耗能元件，后两者是储能元件。

1. 电阻元件

当电流流过金属导体时，导体对电流的阻碍作用就称为电阻，用字母 R 表示。金属导体的电阻与导体的尺寸及导体材料的导电性能有关，表达式为：

$$R = \rho \frac{l}{s} \tag{1-10}$$

式中 ρ——电阻率；

      l——材料长度；

      s——截面积。

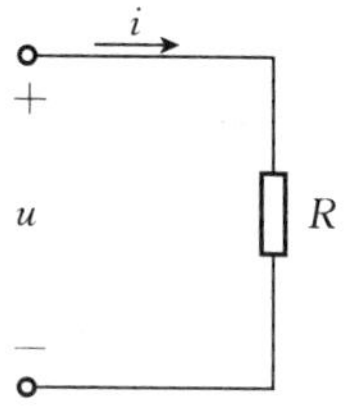

在图 1-11 中，u 和 i 的参考方向相同，根据欧姆定律得出：

图 1-11   电阻元件

$$u = iR \tag{1-11}$$

即电阻元件上的电压与通过的电流成线性关系。

R 是一个与电压和电流均无关的常数。在国际单位制（SI）中，电阻的单位为欧姆（Ω），简称欧。常用单位还有千欧（kΩ）、兆欧（MΩ）等。

2. 电容元件

电容是储存电场能的一种电子元件，由绝缘体或电介质材料隔离的两个导体组成。电容的电路参数用字母 C 表示。

电荷量与端电压的比值叫做电容元件的电容，理想电容器的电容为一常数，电荷量 q 总是与端电压 u 成线性关系，即：

$$q=Cu \qquad (1-12)$$

其符号如图 1-12a 所示。

国际单位制（SI）中电容的单位为法拉，简称法，符号为 F。常用单位有微法（μF）、皮法（pF）。式（1-12）表示的电容元件电荷量与电压之间的约束关系，称为线性电容的库伏特性，它是过坐标原点的一条直线。如图 1-12b 所示。

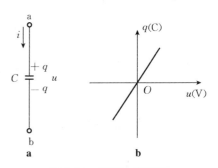

图 1-12　理想电容元件

a. 符号　b. 线性电容的库伏特性

对于图 1-12a，当 u、i 取关联参考方向时，结合式（1-12），得：

$$i=\frac{\mathrm{d}q}{\mathrm{d}t}=\frac{\mathrm{d}\ (Cu)}{\mathrm{d}t}=C\frac{\mathrm{d}u}{\mathrm{d}t} \qquad (1-13)$$

上式说明：任一瞬间，电容电流的大小与该瞬间电压变化率成正比，而与这一瞬间电压大小无关。有"通交流阻直流"的作用。

3. 电感元件

电感元件（简称电感）是一种存储磁场能的电子元件，电感元件的原始模型为导线绕成圆柱线圈。用 L 表示。其符号如图 1-13 所示。

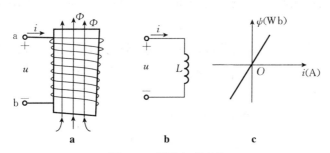

图 1-13　理想电感元件

a. 原始模型　b. 符号　c. 线性电感的韦安特性

理想的电感为一常数，磁链 ψ 总是与产生它的电流 i 成线性关系，即：

$$\psi=Li \qquad (1-14)$$

电感的单位为亨（利），符号为 H，常用的单位有毫亨（mH）等；磁链的单位为韦（伯）。式（1-14）所表示的电感元件磁链与产生它的电流之间的约束关系称为线性电感的韦安特性，是过坐标原点的一条直线。如图 1-13c 所示。

当电压的参考极性与磁通的参考方向符合右手螺旋定则，并且电流和电压取关联参考方向时，可得：

$$u=\frac{\mathrm{d}\psi}{\mathrm{d}t}=\frac{\mathrm{d}Li}{\mathrm{d}t}=L\,\frac{\mathrm{d}i}{\mathrm{d}t} \tag{1-15}$$

上式说明：任一瞬间，电感元件端电压的大小与该瞬间电流的变化率成正比，而与该瞬间的电流无关。电感对直流起短路作用。

三、三相交流电源

所谓三相交流电路，是指由三个单相交流电路所组成的电路系统。前面所讨论的单相交流电路只是三相交流电路中的一相。三相交流电路在船舶上应用极为广泛。交流船舶几乎全部采用三相交流电的方式。

1. 三相电源的产生

三相正弦电压是由三相交流发电机发出的。三相交流发电机的主要组成部分是电枢和磁极。

电枢是固定的，亦称定子。定子铁心的内圆周表面冲有槽，用于放置三相绕组。每相绕组是同样的，每个绕组的两边放置在相应的定子铁心的槽内。但要求绕组的始端之间或末端之间都彼此相隔 120°。

磁极是转动的，亦称转子。转子铁心上绕有励磁绕组，用直流励磁。选择合适的极面形状和励磁绕组的分布情况，可使空气间隙中的磁感应强度按正弦规律分布。

当转子由原动机带动，并以匀速按顺时针方向转动时，则每相绕组依次切割磁力线，其中产生频率相同、幅值相等的正弦电动势。

三相正弦电压源是三相电路中最基本的组成部分（图 1-14）。三相交流发电机的三相绕组输出的电压源解析式为：

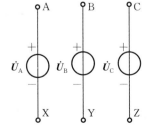

$$u_\mathrm{A}(t)=\sqrt{2}U_\mathrm{P}\sin\omega t$$

$$u_\mathrm{B}(t)=\sqrt{2}U_\mathrm{P}\sin(\omega t-120°) \tag{1-16}$$

$$u_\mathrm{C}(t)=\sqrt{2}U_\mathrm{P}\sin(\omega t+120°)$$

图 1-14 三相正弦电压源

U_P 为相电压的有效值。它们的波形如图 1-15a 所示。

对应的相量式如式（1-17）：

$$\dot{U}_A = U_P \angle 0°$$

$$\dot{U}_B = U_P \angle -120° \qquad (1-17)$$

$$\dot{U}_C = U_P \angle 120°$$

对应的相量见图 1-15 中的 b、c。

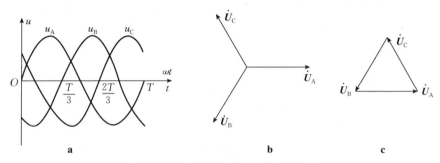

图 1-15　对称三相电压的波形及相量

a. 波形　b、c. 相量

在波形图上，同一时刻三相电压的瞬时值代数和为零。即：

$$u_A + u_B + u_C = 0 \qquad (1-18)$$

2. 三相电源的连接方式

常用的三相电源的连接有星形连接（即 Y 形）和三角形连接（即 △ 形）。

（1）**三相电源的 Y 形连接**　图 1-16 是三相电源的 Y 形连接方式。这种连接方法是把三相绕组的末端连接在一起，成为一个公共点（称中性点），用符号"N"表示。从中性点引出的输电线称为中性线。从始端 A、B、C 引出的三根导线称为相线或端线，俗称火线。

三相电源的 Y 形连接供电时，有中性线的三相供电系统称为三相四线制，能提供两种电压（线电压和相电压）；如果不

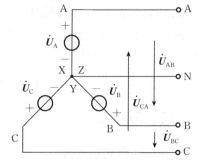

图 1-16　三相电源的 Y 形连接

引出中性线就称为三相三线制，只能提供一种电压（线电压）。

三相电源的 Y 形连接中，相电压 $\dot{U}_P$ 对称时，线电压 $\dot{U}_l$ 也是对称的，在大小上，线电压是相电压的 $\sqrt{3}$ 倍，在相位上比相应的相电压超前 $30°$。即：

$$\dot{U}_l = \sqrt{3}\dot{U}_P \angle 30° \tag{1-19}$$

三相电源的 Y 形连接供电，有中性线时可引出四根导线（三相四线制），这样就有可能给予负载两种电压，因而被广泛应用。通常在低压配电系统中相电压为 220 V，线电压为 380 V。

当发电机（或变压器）的绕组联成星形时，不一定都引出中线。

（2）三相电源的△形连接　将三个电压源的首、末端顺次序相连，再从三个连接点引出三根端线 A、B、C，向外供电。这样就构成△形连接，如图 1-17a 所示。

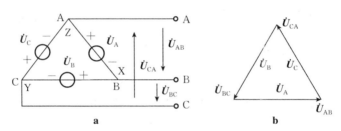

图 1-17　三相电源的△形连接及相量

a.△形连接　b.相量

三相电源的三角形连接时，三相电源的线电压等于电源绕组每一相的相电压。

$$\dot{U}_{AB} = \dot{U}_A；\dot{U}_{BC} = \dot{U}_B；\dot{U}_{CA} = \dot{U}_C \tag{1-20}$$

在电源的三角形联结方法中，没有中性线引出，因此采用的是三相三线制。这种连接方法不同于星形联结，在没有接上负载时，绕组本身就形成一个闭合回路。假如在此回路内的三相绕组产生的电动势不对称，或者把某一相绕组的两个端钮接错，使其回路内的三个电动势相量之和不等于零，由于绕组回路的内阻是很小的，在此情况下，回路内会产生相当大的电流，使绕组发热而毁坏。所以，绕组为三角形联结时切记不可将绕组接反。

四、三相负载

1. 三相负载的连接

在三相供电系统中，三相负载也有星形连接和三角形连接两种，根据负载的额定电压和电源电压来决定以哪种方式接入电源。

（1）负载的 Y 形连接 所谓负载的星形联结，是把三相负载分别接到三相电源的一根相线和中性线之间的接法。

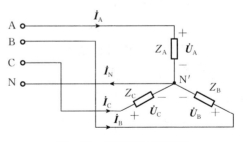

对于不对称的三相负载，供电系统为三相四线制如图 1-18 所示。对称三相负载为三相三线制。

图 1-18 负载的 Y 形连接

三相负载的 Y 形连接中，相电压对称时，线电压也是对称的；在大小上，线电压是相电压的 $\sqrt{3}$ 倍，在相位上比相应的相电压超前 $30°$。即（分析同三相交流电源）：

$$\dot{U}_l = \sqrt{3}\dot{U}_P \angle 30° \tag{1-21}$$

每相负载的电流称为相电流 $\dot{I}_P$，每个端线的电流称为线电流 $\dot{I}_l$。线电流与相应的相电流相等。所以，负载为 Y 形连接时，线电流和相电流表示为：

$$\dot{I}_l = \dot{I}_P \tag{1-22}$$

不对称三相负载，线电流不对称，则中性线电流 $\dot{I}_N$ 如下所示：

$$\dot{I}_N = \dot{I}_A + \dot{I}_B + \dot{I}_C \neq 0 \tag{1-23}$$

中线的作用就是让不对称三相负载的相电压对称。如果没有中线，不对称三相负载的相电压就不对称。三相负载对称时，中线电流为零。此时取消中性线也不影响三相电路的工作，三相四线制就变成了三相三线制。三相三线制电路在生产上的应用极为广泛，因为生产上的三相负载（通常所见的是三相电动机）一般都是对称的。

（2）三相负载的△形连接 三相负载△形连接时，各相首尾端依次相连，三个连接点分别与电源的端线相连接。

对于△形连接的每相负载来说，也是单相交流电路，所以各相电流、电压和阻抗三者的关系仍与单相电路相同。由于三角形联结的各相负载是接在两根相线之间，因此负载的相电压就是线电压。因此，不论负载对称与否，其相电压总是对称的。即：

$$\dot{U}_l = \dot{U}_P \tag{1-24}$$

要求供电系统为三相三线制，如图 1-19 所示。

相电流与线电流的关系：

$$\dot{I}_l=\sqrt{3}\,\dot{I}_p\angle-30°$$

$$(1-25)$$

由此可见，三相对称负载的△形连接中，相电流与线电流在大小上，线电流是相电流的 $\sqrt{3}$ 倍，在相位上比相应的相电流滞后 $30°$。

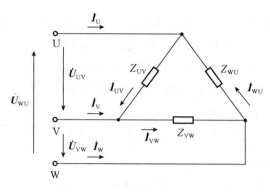

图 1-19　三相负载的△形连接

三相电动机的绕组可以连接成星形，也可以连接成三角形，而照明负载一般都连接成星形。

2. 三相电路的功率

三相电路的功率与单相电路功率一样，也有有功功率、无功功率和视在功率之分。

三相电路中每一相负载有功功率的计算方法与单相电路完全一样。不论采用星形连接或是三角形连接，三相负载总的有功功率必定等于各相负载有功功率之和。即：

$$P=P_A+P_B+P_C$$

每相负载的有功功率：

$$P_P=U_P I_P\cos\varphi$$

式中　φ——相电压 U_P 与相电流 I_P 之间的相位差。

当三相负载对称时，每相有功功率相同：

$$P=3P_P=3U_P I_P\cos\varphi \qquad (1-26)$$

对于 Y 形连接：

$$U_l=\sqrt{3}U_P,\quad I_l=I_P$$

对于△形连接：

$$I_l=\sqrt{3}I_P,\quad U_l=U_P$$

代入式（1-26），得：

$$P=3P_P=3U_P I_P\cos\varphi=\sqrt{3}U_l I_l\cos\varphi \qquad (1-27)$$

三相电路总的无功功率为各相无功功率之和。即：

$$Q=Q_A+Q_B+Q_C$$

每相负载的无功功率：

$$Q_P = U_P I_P \sin\varphi$$

式中　φ——相电压 U_P 与相电流 I_P 之间的相位差。

当三相负载对称时，每相无功功率相同：

$$Q = 3Q_P = 3U_P I_P \sin\varphi$$

同理可得：

$$Q = 3Q_P = 3U_P I_P \sin\varphi = \sqrt{3} U_1 I_1 \sin\varphi \tag{1-28}$$

三相电路视在功率：

$$S = \sqrt{P^2 + Q^2} = 3U_P I_P = \sqrt{3} U_1 I_1 \tag{1-29}$$

如果负载不对称，则只有单相计算后相加。

第三节　电　与　磁

一、磁场的基本概念

1. 磁感应强度

磁感应强度 B 是表示磁场内某点的磁场强弱和方向的物理量。它是一个矢量。它与电流（电流产生磁场）之间的方向关系可用右手螺旋定则来确定。

如果磁场内各点的磁感应强度的大小相等，方向相同，这样的磁场则称为均匀磁场。

磁感应强度的单位是特［斯拉］（T），也就是韦［伯］/米^2（Wb/m^2）。

2. 磁通

磁感应强度 B（如果不是均匀磁场，则取 B 的平均值）与垂直于磁场方向的面积 A 的乘积，称为通过该面积的磁通 Φ，即：

$$\Phi = B \cdot A \tag{1-30}$$

由上式可见，磁感应强度在数值上可以看作与磁场方向相垂直的单位面积所通过的磁通，故又称为磁通密度。

磁通的单位是伏秒（V·s），通常称为韦［伯］（Wb）。

3. 磁场强度

磁场强度 H 是计算磁场时所引用的一个物理量，也是矢量，通过它来确定磁场与电流之间的关系。

磁场强度 H 的单位是安［培］/米（A/m）。

4. 磁导率

磁导率 μ 是一个用来表示磁场介质磁性的物理量，也就是用来衡量物质导磁能力的物理量。它与磁场强度的乘积就等于磁感应强度，即：

$$B = \mu H \tag{1-31}$$

磁导率 μ 的单位是亨［利］/米（H/m）。真空的磁导率 $\mu_0 = 4\pi \times 10^{-7}$ H/m。

因为真空的磁导率是一个常数，所以将任意一种物质的磁导率 μ 和真空的磁导率 μ_0 进行比较，称为该物质的相对磁导率 μ_r，即：

$$\mu_r = \frac{\mu}{\mu_0} \tag{1-32}$$

5. 电磁感应定律

因磁通量变化产生感应电动势的现象，闭合电路的一部分导体在磁场里做切割磁感线的运动时，导体中就会产生电流，这种现象叫电磁感应。

（1）楞次定律　感应电流的磁场要阻碍原磁通的变化。用右手定则判断感应电流的方向，进而判断感应电动势的方向：

$$e = -N \frac{d\Phi}{dt} \tag{1-33}$$

（2）右手定则（发电机定则）　直线导体切割磁力线所产生感应电动势的方向可用右手定则来判断。根据磁力线方向及导体运动方向确定感应电动势方向。

具体做法：展开右手掌，四指与拇指成 90° 并平行，磁力线穿过手心，拇指指向导体运动方向，则四指所指的为感应电动势方向。

（3）载流导体在磁场中的受力——左手定则（电动机定则）　载流导体在磁场中的受力方向，可用左手定则来判断。左手定则又称电动机定则，我们日后分析电动机如何转起来须运用此定则。

具体判断方法：平展左手手掌，拇指与四指垂直并在一个平面上，让磁力线穿过手心（手心对 N 极），四指指向电流方向，则拇指所指的方向就是导体受力方向。

二、磁性材料性能与特点

1. 磁性材料的磁性能

（1）高导磁性　磁性材料的磁导率很高，$\mu_r \gg 1$，可达数百、数千乃至数万。由于高导磁性，在具有铁心的线圈中通入不大的励磁电流，便可产生足够大的磁通和磁感应强度。这就解决了既要磁通大，又要励磁电流小的矛盾。利用优质的磁性材料可使同一容量的电机的重量和体积大大减轻和减小。

（2）磁饱和性　将磁性材料放入磁场强度为 H 的磁场（常由线圈的励磁电流产生）内，会受到强烈的磁化，其磁化曲线（B-H 曲线）如图 1-20 所示。开始时，B 与 H 近于成正比地增加。而后，随着 H 的增加，B 的增加缓慢下来，最后趋于磁饱和。

必须指出，在额定工作状态时通常电磁设备的磁感应强度都设计在接近磁饱和的拐点附近，如果此时再使磁通稍有增加，就会进入饱和状态，其所需励磁电流将急剧增大，而导致设备损坏。

（3）磁滞性　当铁心线圈中通有交流电时，铁心就受到交变磁化。磁感应强度滞后于磁场强度变化的性质称为磁性物质的磁滞性。图 1-21 所示的曲线也就称为磁滞回线。

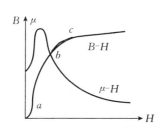

图 1-20　B、H、μ 的关系（磁化曲线）

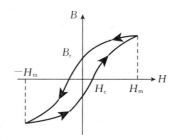

图 1-21　磁滞回线

当线圈中电流减到零值（即 $H=0$）时，铁心在磁化时所获得的磁性还未完全消失。这时铁心中所保留的磁感应强度称为剩磁感应强度 B_r（剩磁），永久磁铁的磁性就是由剩磁产生的。

如果要使铁心的剩磁消失，通常改变线圈中励磁电流的方向，也就是改变磁场强度 H 的方向来进行反向磁化。使 $B=0$ 的 H 值，称为矫顽磁力 H_c。

2. 磁性材料的特点

通常因所用铁心材料不同，μ 就不同，有以下几点实际结论。

① 如果要得到相等的磁感应强度，采用磁导率高的铁心材料，可使线圈的用铜量大为降低。

② 如果线圈中通有同样大小的励磁电流，要得到相等的磁通，采用磁导率高的铁心材料，可使铁心的用铁量大为降低。

③ 当磁路中含有气隙时，由于其磁阻较大，要得到相等的磁感应强度，必须增大励磁电流（设线圈匝数一定）。

三、铁心线圈和电磁铁

1. 铁心线圈

铁心线圈分为两种。直流铁心线圈通直流电来励磁（如直流电机的励磁线圈、电磁吸盘及各种直流电器的线圈），交流铁心线圈通交流电来励磁（如交流电机、变压器及各种交流电器的线圈）。

分析直流铁心线圈比较简单些。因为励磁电流是直流，产生的磁通是恒定的，在线圈和铁心中不会感应出电动势来，在一定电压 U 下，线圈中的电流 I 只和线圈本身的电阻 R 有关，功率损耗也只有 RI^2。

在交流铁心线圈中，除线圈电阻 R 上有功率损耗 RI^2（所谓铜损耗 ΔP_{Cu}）外，处于交变磁化下的铁心中也有功率损耗（所谓铁损耗 ΔP_{Fe}）。铁损耗是由磁滞和涡流产生的。

为了减小铁损，通常采用硅钢片叠成的形式。

2. 电磁铁

电磁铁是利用通电的铁心线圈吸引衔铁或保持某种机械零件、工件于固定位置的一种电器。衔铁的动作可使其他机械装置发生联动。当电源断开时，电磁铁的磁性随着消失，衔铁或其他零件即被释放。

电磁铁可分为线圈、铁心及衔铁三部分。电磁铁在船舶上应用极为普遍。如起货机的制动器，当接通电源时，电磁铁动作而拉开弹簧，把抱闸提起，于是放开了装在电动机轴上的制动轮，这时电动机便可自由转动。当电源断开时，电磁铁的衔铁落下，弹簧便把抱闸压在制动轮上，于是电动机就被制动。在起货机中采用这种制动方法，还可避免由于工作过程中断电而使重物滑下所造成的事故。

在各种电磁继电器和接触器中，电磁铁的任务是开闭电路。

在交流电磁铁中，在磁极的部分端面上套一个分磁环，用来消除衔铁的颤动，这个分磁环是交流电磁铁特有的，也是区别直流电磁铁的特征。

另外，交流电磁铁铁心是由钢片叠成。而直流电磁铁的铁心是用整块软钢制成的。

交、直流电磁铁除有上述的不同外，它们在吸合过程中电流和吸力的变化情况也是不一样的。

在直流电磁铁中，励磁电流仅与线圈电阻有关，不因气隙的大小而变。但在交流电磁铁的吸合过程中，线圈中电流（有效值）变化很大。因为其电流不仅与线圈电阻有关，还与线圈感抗有关。在吸合过程中，随着气隙的减小，磁阻减小，线圈的电感和感抗增大，因而电流逐渐减小。因此，交流电磁铁如果由于某种机械障碍，衔铁或机械可动部分被卡住，通电后衔铁吸合不上，线圈中就流过较大电流而使线圈严重发热，甚至烧毁，必须注意。

第四节　半导体基础理论与整流电路

物质按其导电能力的大小可分成导体、绝缘体和半导体三大类。容易导电的物质称为导体（如金、银、铜等）。导电能力很差的物质称为绝缘体（如塑料、陶瓷、橡皮等）。导电能力介于导体与绝缘体之间的物质称为半导体，它的导电能力容易受热、光、杂质等影响而改变。硅和锗是目前制作半导体器件常用的半导体材料。

一、半导体特性及 PN 结单向导电性

1. 本征半导体

本征半导体是完全纯净的，具有晶体结构的半导体，它内部的原子之间通过共价键结合，这种共价键结构不是很稳定，部分共价键中的电子受到热激励而挣脱原子核的束缚而成为自由电子，在原来位置留下一个空位。本征半导体内的自由电子和空穴总是成对出现。自由电子和空穴都称为载流子。载流子的数目愈多，则半导体材料的导电性能愈好。在电场的作用下自由电子运动形成电子电流，因为空位的存在而引起电子的填补运动也引起电流，电子的填补运动可以想象成一个带正电的粒子向相反的方向运动，将这种想象的带正电的粒子称为空穴。在加热或光照加强时，本征半导体内的自由电子和空穴的数量增加，阻值下降，导电能力增强，这就是半导体的热敏特性和光敏特性。

2. 掺杂半导体（P 型和 N 型半导体）

在本征半导体中掺入微量有用杂质的半导体叫掺杂半导体。如果在半导

体里掺入少量三价的硼元素，硼原子与半导体原子组成共价键时，就自然形成一个空穴。这种空穴为多数载流子的半导体叫空穴型半导体，简称 P 型半导体。

如果在半导体中掺入少量五价磷元素，磷原子与半导体原子组成共价键时，就多出一个电子。这种自由电子为多数载流子的半导体叫电子型半导体，简称 N 型半导体。

虽然在本征半导体中只是掺入微量的有用杂质，载流子数量大大增加，半导体的导电能力也显著增强，这就是半导体的掺杂特性。

3. PN 结单向导电性

在 N 型半导体上渗透一层 P 型半导体，就形成了 PN 结。如图 1-22 所示。

若在 PN 结的两端加上一定数值的正向电压，即电源的正极接 P 区，电源的负极接 N 区，如图 1-23a 所示，在正常的工作范围内，PN 结上的外加电压

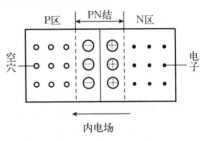

图 1-22　PN 结的形成

稍有增加就会引起正向电流急剧增加，此时 PN 结相当于一个很小的正向电阻。

当在 PN 结上加一定的反向电压时，外电场与内电场方向相同，如图 1-23b 所示。反向电压增加，内电场进一步增强，尽管全部的少数载流子参与导电，其反向电流基本上保持不变。

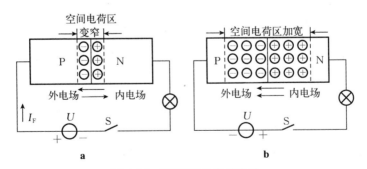

图 1-23　PN 结的单向导电性

a. 加一定的正向电压　b. 加一定的反向电压

上述分析说明，PN 结具有单向导电性。即在 PN 结上加正向电压时，有较大的正向电流流过，称 PN 结导通；而 PN 结加反向电压时，仅有极小的反向电流，称 PN 结截止。

二、晶体二极管与稳压管

1. 晶体二极管

（1）二极管的结构 晶体二极管，简称二极管，是由一个 PN 结加上相应的电极及管壳封装而成，如图 1-24a 所示。二极管画在电路图上符号如图 1-24b 所示。P 区引出的电极称为阳极或正极，N 区引出的电极称为阴极或负极。因 PN 结具有单向导电性，所以二极管也具有单向导电性，如图 1-25 所示。

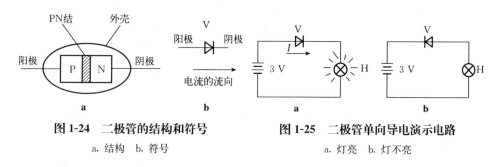

图 1-24 二极管的结构和符号
a. 结构 b. 符号

图 1-25 二极管单向导电演示电路
a. 灯亮 b. 灯不亮

（2）二极管的类型 二极管按不同的分类方法有不同的类型，具体分类如下。

① 按材料分：有硅二极管、锗二极管和砷化镓二极管等。

② 按结构分：根据 PN 结面积大小，有点接触型、面接触型二极管。

③ 按用途分：有整流、稳压、开关、发光、光电、变容、阻尼等二极管。

④ 按封装形式分：有塑封及金属封等二极管。

⑤ 按功率分：有大功率、中功率及小功率等二极管。

（3）二极管的伏安特性 二极管的伏安特性是指二极管两端的电压和流过二极管的电流之间的关系。二极管的伏安特性曲线如图 1-26 所示。

① 正向特性：当正向电压很小时，二极管基本上还处于截止状态，当正向电压超

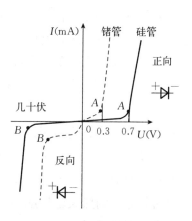

图 1-26 二极管的伏安特性

过某一值（称此电压为死区电压）时，二极管处于正向导通状态。硅管的死区电压约为 0.5 V，锗管的死区电压约为 0.1 V。正向导通后的二极管管压降变化较小，一般硅管导通压降为 0.6～0.7 V，锗管导通压降为 0.2～0.3 V。

② 反向截止特性：二极管被加上的反向电压在一定范围内增大时，反向电流极其微小且基本不变，这就是二极管反向截止状态。此时的电流称为反向饱和电流。

③ 反向击穿特性：二极管被加上的反向电压增大超过某一值时，反向电流突然增大，这种现象称为反向击穿。此时对应的电压称为反向击穿电压。除稳压二极管外，二极管因反向击穿通过较大电流会过热而损坏，使用时一定要注意。

(4) 二极管的主要参数　参数反映出二极管的性能，是正确选用二极管的依据。

① 最大整流电流 I_F：它是指管子长期工作时，允许流过二极管的最大正向平均电流，超过 I_F 二极管的 PN 结将过热而烧断。

② 最高反向工作电压 U_{RM}：它是保证二极管不被反向击穿而规定的反向工作峰值电压，一般为反向击穿电压的 1/3～1/2。二极管一旦过压击穿损坏，就失去了单向导电性。

③ 反向峰值电流 I_R：它是二极管加上反向工作电压时的反向饱和电流。这个电流愈小二极管的单向导电性愈好。温度升高时，I_R 增大，使用时应注意温度对反向电流的影响。

④ 最高工作频率 f_{max}：它是指二极管正常工作时的上限频率值。它的大小主要由 PN 结的结电容大小来决定。超过此值，二极管的单向导电性变差，甚至会失去单向导电性。

一般半导体器件手册中都给出了不同型号二极管的参数。在使用时，应特别注意不要超过最大整流电流和最高反向工作电压，否则二极管容易损坏。

(5) 二极管的简易测试　二极管具有单向导电性，一般带有色环的一端表示负极。也可以用万用表来判断其极性。用指针式万用表 $R×100\ \Omega$ 挡或者 $R×1\ k\Omega$ 挡，分别检测二极管正、反向电阻，阻值较小的一次二极管处于导通状态，则黑表笔接触的是二极管的正极（因为在电阻挡时黑表笔接万用表中电源的正极）。

二极管是非线性元件，用不同万用表，使用不同挡位测量结果都不同，用 $R \times 100\,\Omega$ 挡测量时，通常小功率锗管正向电阻在 $200 \sim 600\,\Omega$，硅管在 $900 \sim 2\,000\,\Omega$，利用这一特性可以区别出硅、锗两种二极管。

锗管反向电阻大于 $20\,k\Omega$ 即可符合一般要求，而硅管反向电阻都要求在 $500\,k\Omega$ 以上，若小于 $500\,k\Omega$ 则视为漏电较严重。若测得二极管正、反向电阻都较小，则表明二极管内部已经短路，若测得二极管正、反向电阻都较大，则表明二极管内部已经断路。当出现短路或断路时，表明二极管已损坏。测试电路如图 1-27 所示。

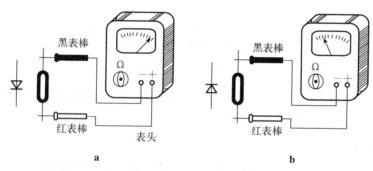

图1-27　万用表简易测试二极管

a. 电阻小　　b. 电阻大

2. 稳压二极管

（1）稳压二极管的工作特性　稳压二极管，简称稳压管，其电路符号如图 1-28a 所示，特性曲线如图 1-28b 所示。稳压管和普通二极管的正向特性相同，不同的是反向击穿电压较低，且击穿特性陡峭，这说明反向电流在较大范围内变化时，反向电压基本不变。稳压管正是利用反向击穿特性来实现稳压的，此时击穿电压为稳定电压，用 U_Z 表示。

（2）稳压二极管的主要参数

① 稳定电压 U_Z：稳定电压 U_Z 即为反向击穿后的电压。由于击穿电压与制造工艺、环境温度及工作电流有关，因而在手册中只能给出某一型号稳压管的稳压范围。

② 稳定电流 I_Z：稳定电流 I_Z 是指稳压管工作至稳压状态时其中流过的电流。当稳压管的稳定电流小于最小稳定电流 I_{Zmin}时，没有稳定作用；大于最大稳定电流 I_{Zmax}时，管子会因过流而损坏。

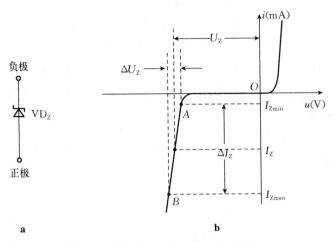

图1-28　稳压管的图形符号及伏安特性

a. 符号　b. 伏安特性曲线

③ 动态电阻 r_Z：动态电阻 r_Z 是指稳压管工作在稳压区时，端电压变化量与其电流变化量之比。r_Z 越小，电流变化时，U_Z 变化越小，即稳压管的稳压特性越好。

④ 温度系数 α：α 表示温度变化 1 ℃时，其稳压值的变化量。

三、整流电路

船舶上所需的直流电源，一般都是采用由交流电网供电，经整流、滤波、稳压后获得。所谓整流指把大小、方向都变化的交流电变成单向脉动的直流电，能完成整流任务的设备称为整流器。把交流电变成直流电的电路叫整流电路。整流电路的主要元件是具有单向导电功能的二极管。常见的整流电路有单相半波整流电路和单相桥式整流电路。

1. 单相半波整流电路

（1）电路的组成及工作原理　图1-29a所示为单相半波整流电路。

由于流过负载的电流和加在负载两端的电压只有半个周期的正弦波，故称半波整流。

（2）负载上的直流电压和直流电流　直流电压是指一个周期内脉动电压的平均值。即：

$$U_0 \approx 0.45U_2 \tag{1-34}$$

流过负载 R_L 上的直流电流为：

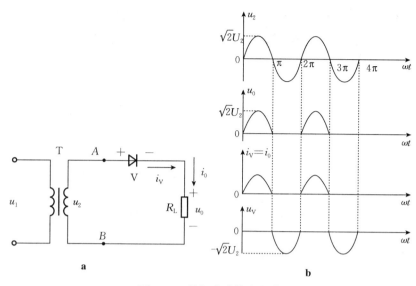

图 1-29　单相半波整流电路

a. 电路　b. 波形图

$$I_0 = \frac{U_0}{R_L} \approx 0.45 \frac{U_2}{R_L} \tag{1-35}$$

（3）**整流二极管参数**　由图 1-29a 可知，流过整流二极管的平均电流 I_V 与流过负载的电流 I_0 相等，即：

$$I_V = I_0 = \frac{U_0}{R_L} \approx 0.45 \frac{U_2}{R_L}$$

当二极管截止时，它承受的反向峰值电压 U_{RM} 是变压器次级电压的最大值，即：

$$U_{RM} = \sqrt{2}\,U_2$$

2. 单相桥式整流电路

（1）**电路的组成及工作原理**　桥式整流电路由变压器和四个二极管组成，如图 1-30 所示，a、b、c 为不同的电路画法。由图 a 可见，四个二极管接成了桥式，在四个顶点中，相同极性接在一起的一对顶点接向直流负载 R_L，不同极性接在一起的一对顶点接向交流电源。输出波形如图 1-31 所示。

（2）**负载上的直流电压和直流电流**　由上述分析可知，桥式整流负载电压和电流是半波整流的两倍：

$$U_0 \approx 0.9 U_2 \tag{1-36}$$

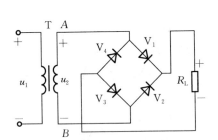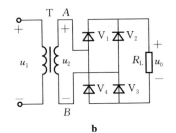

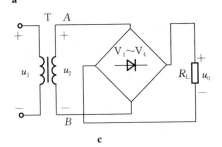

图 1-30　单相桥式整流电路

a. 电路画法 1　　b. 电路画法 2　　c. 电路画法 3

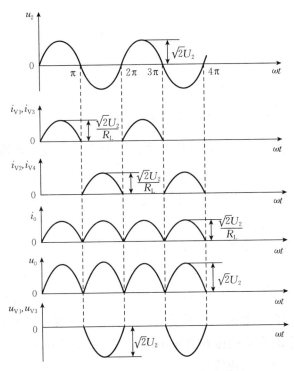

图 1-31　单相桥式整流电路输出波形

流过负载 R_L 上的直流电流为：

$$I_0 \approx 0.9 \frac{U_2}{R_L} \qquad (1\text{-}37)$$

（3）整流二极管的参数　在桥式整流电路中，因为二极管 V_1、V_3 和 V_2、V_4 在电源电压变化一周内是轮流导通的，所以流过每个二极管的电流都等于负载电流的一半，即：

$$I_V = \frac{1}{2} I_0 = 0.45 \frac{U_2}{R_L} \qquad (1\text{-}38)$$

每个二极管在截止时承受的反向峰值电压为：

$$U_{RM} = \sqrt{2} U_2$$

桥式整流电路与半波整流电路相比，电源利用率提高了 1 倍，同时输出电压波动小，因此桥式整流电路得到了广泛应用。电路的缺点是二极管用得较多，电路连接复杂，容易出错。

（4）单向桥式整流电路中二极管的选择

① 求流过二极管的平均电流：从以上分析可知，在桥式整流电路中，因为二极管 V_1、V_3 和 V_2、V_4 在电源电压变化一周内是轮流导通的，所以流过每个二极管的电流都等于负载电流的一半，即：

$$I_{V1} = I_{V2} = I_{V3} = I_{V4} = \frac{1}{2} I_0$$

在选二极管时应使二极管的最大整流电流 $I_{OM} > \frac{1}{2} I_0$，一般选裕量为 2，即 $I_{OM} = I_0$。

② 加在二极管上的反向电压 U_{VM}：二极管所承受的反向电压可以从图中看出，当 V_1、V_3 导通时，V_2、V_4 管所承受的最高反向电压是 $\sqrt{2} U_2$。同理，V_1、V_3 也承受同样大小的反向电压。因此，二极管的最大反向电压 $U_{VM} > \sqrt{2} U_2$。一般选裕量为 2~3。考虑到船舶电网电压的波动范围，在实际选用二极管时，应至少有 10% 的裕量。

四、滤波与稳压电路

滤波指滤除脉动直流电中的交流成分，使得输出波形平滑，能完成滤波任务的设备称为滤波器。稳压指输入电压波动或负载变化引起输出电压变化时，能自动调整使输出电压维持在原值。

1. 滤波电路

单相桥式整流电路的输出电压是方向不变但数值大小变化的单向脉动电压。输出电压中除了直流分量以外，还有交流分量。为了得到比较平稳的直流电压，就要在上述的整流电路后面加上滤波电路。

滤波电路的作用是将输出电压中的交流成分尽量滤掉，剩下直流分量，使得到的直流电压比较平稳。常用的滤波电路有电容滤波、电感滤波、RC滤波、RCπ型滤波等，下面介绍两种常用的滤波电路。

（1）电容滤波电路　图 1-32 为单相桥式整流电容滤波电路，设负载为纯电阻。

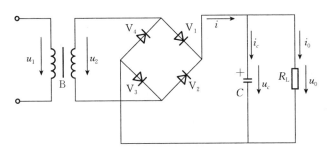

图 1-32　单向桥式整流电容滤波电路

不加滤波电容的单向桥式整流电路的输出电压 u_0 的波形如图 1-33a 所示。加了滤波电容后的输出电压 u_0 如图 1-33b 所示。

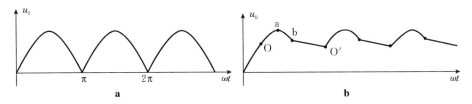

图 1-33　单向桥式整流电容滤波电路波形

a. 不加滤波电容　b. 加上滤波电容

单相桥式整流电路加电容滤波后，所得到的电压脉动程度减弱了，输出电压的平均值显著提高，$U_0 = 1.2U_2$，输出电流也随之增大。

并联的电容 C 大，则放电速度慢，u_0 的下降速度也慢。为了获得尽量平直的直流电压，电容值必须取得比较大，一般取 $R_L C > (3 \sim 5) \dfrac{T}{2}$（式中 T 为交流电源的周期）。

电容滤波整流电路的优点是输出电压高，波形比较平直，电路简单。但对整流二极管的冲击电流大。电容滤波的另一个缺点是：随着负载电阻的变化，输出电压的平均值也变化。例如，当负载 R 电阻值变小时，则放电时间常数变小，电容放电速度加快，输出电压 U_0 随之降低。

（2）RCπ 型滤波电路　图 1-34 是 RCπ 型滤波电路，这种电路的滤波效果比前一种电路的滤波效果要好。

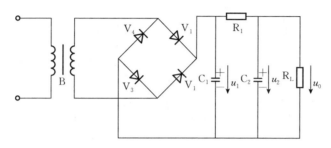

图 1-34　单相桥式 RCπ 型滤波电路

这种滤波电路的输出直流电压更平稳。但由于直流分量在 R_1 上有一定压降，故输出电压较纯电容滤波电路要低。

2. 稳压电路

稳压指输入电压波动或负载变化引起输出电压变化时，能自动调整使输出电压维持在原值。稳压电路有并联型稳压电路、串联型稳压电路、开关型稳压电路等。

（1）并联型稳压电路　并联型稳压电路是最简单的稳压电路，由稳压二极管 V 和限流电阻 R 组成，如图 1-35 所示。要注意稳压管的接法是反接工作的。

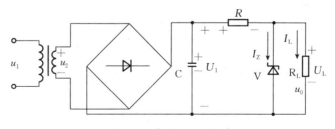

图 1-35　并联型稳压电路

并联型稳压电路结构简单，但受稳压管最大电流限制，又不能任意调节输出电压，所以只适用于输出电压不需调节，负载电流小，要求不高的场合。

（2）**串联型稳压电路** 串联型稳压电路如图1-36所示。其中取样环节由R_3、R_4、R_5构成；基准源由稳压管V_S和限流电阻R_2构成；V_2为比较放大器；V_1为调整管；R_1既是V_2的集电极负载电阻，又是V_1的基极偏置电阻，保证V_1处于放大状态。

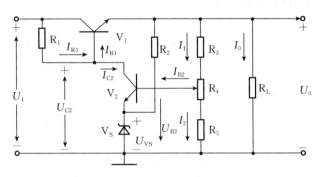

图1-36 串联型稳压电路

串联型稳压电路的稳压过程实质上是通过负反馈使输出电压维持稳定的过程。在这种电路中，起调节作用是晶体三极管，它必须工作于线性放大状态，故又称为线性串联型稳压电源。人们在此基础上制成集成稳压电源。在这种稳压电源中采用了多种措施，使性能大为提高。如采用差动放大器作为比较放大器以抑制零点漂移，提高稳压电源的温度稳定性等。

五、晶体三极管

晶体三极管简称三极管。它由两个PN结构成，具有电流放大功能，是构成放大电路的核心元件。

1. 结构和分类

晶体三极管的结构及图形符号如图1-37所示。它有三个区：发射区、基区、集电区，每个区分别引出一个电极，分别为发射极E、基极B、集电极C。发射区与基区之间形成的PN结称为发射结，基区与集电区之间形成的PN结称为集电结。符号中的箭头方向表示发射结正向偏置时流经发射极的电流方向。

三极管按结构可分为NPN型和PNP型，按所用的半导体材料可分为硅管和锗管，按功率可分为大、中、小功率管，按频率特性可分为低频管和高频管等。

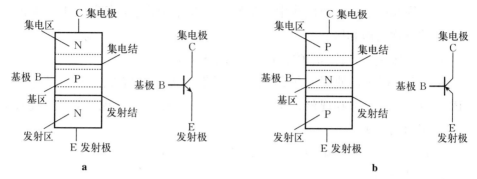

图 1-37　晶体三极管结构和符号

a. NPN 型　b. PNP 型

2. 伏安特性

三极管的伏安特性曲线能直观、全面地反映三极管各极电流与电压之间的关系。

通常把三极管的输出特性曲线分为三个工作区。如图 1-38 所示。

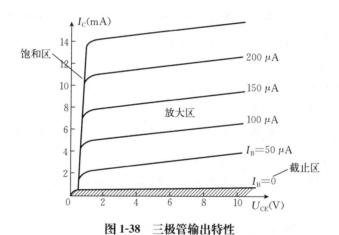

图 1-38　三极管输出特性

（1）**截止区**　在这个区域内，U_{BE} 小于死区电压，即 $U_B < U_E < U_C$，三极管截止，呈现高电阻状态，相当于断开的开关。

条件：发射结和集电结都处于零偏或反向偏置。

（2）**放大区**　在放大区内，$U_{BE} > 0.7$ V，即 $U_C > U_B > U_E$（对 NPN 管）。I_C 的变化量与 I_B 的变化量是成比例的：

$$\beta = \frac{\Delta I_C}{\Delta I_B} \tag{1-39}$$

条件：发射结加正向电压，集电结加反向电压。

（3）**饱和区** 在输出曲线中，I_C 随 U_{CE} 的增加而近乎直线上升且将出现转折的部分称为饱和区。

在这个区域中，U_{CE} 的值很小，称为饱和压降 U_{CES}。

由于 U_{CE} 很小，使得基极的电位高于集电极的电位 $U_B > U_C > U_E$（对 NPN 管），出现了饱和现象，使三极管失去放大作用。呈现一等效小电阻，相当于接通的开关。

条件：三极管的发射结和集电结均加正向电压。

3. 主要参数

参数反映出三极管的性能，是正确选用三极管的依据。常用的主要参数有如下几个。

（1）**直流电流放大系数$\overline{\beta}$和交流电流放大系数β** 常用的小功率三极管的 β 值一般为 20～100。过小，管子电流放大作用小；过大，工作稳定性差。一般选用在 40～80 的管较为合适。

（2）**穿透电流 I_{CEO}** 穿透电流 I_{CEO} 是指基极开路时，集电极与发射极之间的电流。穿透电流 I_{CEO} 是衡量管子质量的一个指标。当管子的穿透电流逐渐增大时，意味着管子已临近使用期限，必须更换。

（3）**集电极最大允许电流 I_{CM}** 当晶体管的集电极电流 I_C 超过一定值时，电流放大系数 β 值下降。I_{CM} 表示 β 值下降到正常值 2/3 时的集电极电流。为了使晶体管在放大电路中能正常工作，I_C 不应超过 I_{CM}。

（4）**集电极最大允许耗散功率 P_{CM}** 晶体管工作时，集电极电流在反偏的集电结上要产生热量，这就是集电极消耗的功率 $P_C = U_{CE} I_C$。晶体管允许的结温规定了它的最大耗散功率 P_{CM}，结温又与环境温度、管子是否有散热器等条件有关。

（5）**反向击穿电压 $U_{(BR)CEO}$** 反向击穿电压 $U_{(BR)CEO}$ 是指基极开路时，集电极与发射极之间的反向击穿电压。使用中如果管子两端电压 $U_{CE} > U_{(BR)CEO}$ 时，集电极电流 I_C 将急剧增大，这种现象称为击穿。管子击穿后将造成永久性损坏。一般情况下，取晶体管电路的电源 $E_C < 1/3 U_{(BR)CEO}$。

4. 晶体管的简易测试

（1）用万用表判断晶体管管型和电极

① 首先找出基极（B 极）：用万用表 $R \times 100\Omega$ 或 $R \times 1 k\Omega$ 电阻挡随意测量晶体管的两极，直到指针摆动较大为止。然后固定黑（红）表笔，把红（黑）表笔移至另一引脚上，若指针同样摆动，则说明被测管为 NPN

（PNP）型，且黑（红）表笔所接触引脚为 B 极。

② C 极和 E 极判别：根据①已确定了 B 极，且为 NPN（PNP），再使用万用表 $R×1\,k\Omega$ 挡进行测量。假设一极为 C 极接黑（红）表笔，另一极为 E 极接红（黑）表笔，用手指捏住假设为 C 极和 B 极（注意 C 极和 B 极不能相碰），读出其电阻值 R_1，然后再假设另一极为 C 极，重复上述操作（注意捏住 B、C 极的力度两次都要相同），读出阻值 R_2。比较二次大小，以电阻小的一次为正确假设，黑（红）表笔所接为 C 极。

（2）晶体管质量判别　通过检测以下三个方面来判断，只要有一个方面达不到要求，即为坏管。

① 首先判断发射结和集电结是否正常，按普通二极管好坏判别方法进行。

② 用测量 C、E 极之间漏电电阻的大小来判断，测量时对于 NPN（PNP）型晶体管，万用表的黑（红）表笔接 C 极，红（黑）表笔接 E 极，B 悬空，这时的 R_{CE} 越大越好。一般应大于 $50\,k\Omega$，硅管应大于 $500\,k\Omega$ 才可使用。

③ 检测晶体管有无放大能力。采用判断 C 极时的方法，观察万用表指针在手捏住 C、B 极前后的变化即可知道该管有无放大能力。

指针变化大说明该管 β 值较高，若指针变化不大则说明该管 β 值小。若万用表有 β 挡时，则直接测量更方便。

第二章 船舶电机与电力拖动控制系统

第一节 直流电机

直流电机是利用电磁感应原理实现直流电能和机械能相互转换的电磁装置，将直流电能转换成机械能的电机称为直流电动机，反之则称为直流发电机。直流电动机具有调速范围广且平滑，起、制动转矩大，过载能力强，易于控制的优点，常用于对调速要求较高的场合。

一、直流电机的工作原理

根据直流电机结构，可以画出两极直流电机的简化模型，如图 2-1 所示。

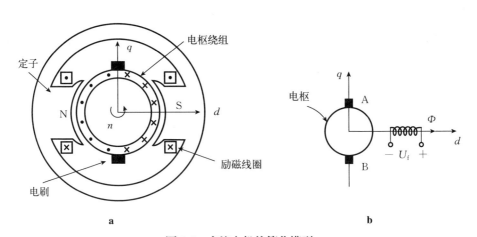

图 2-1 直流电机的简化模型

a. 直流电机结构　b. 直流电机模型

1. 直流电动机的工作原理

励磁线圈通入直流电流，产生直轴（d 轴）方向的主极磁通 Φ，称为主磁场。交轴（q 轴）方向上的一对电刷将电枢线圈分为上下两部分，电枢线圈按照一定的连接方式组成电枢绕组。当直流电源通过电刷向电枢绕组供电时，电枢表面的左半部分导体（即 N 极下）可以流过相同方向的电流，根据左手定则导体将受到逆时针方向的力矩作用；电枢表面的右半部分导体（即 S 极下）也流过相同方向的电流，同样根据左手定则导体也将受到逆时针方向的力矩作用。这样，整个电枢绕组即转子将按逆时针旋转，输入的直流电能就转换成转子轴上输出的机械能。

2. 直流发电机的工作原理

根据电机的可逆原理，在图 2-1 所示的直流电机模型中，励磁线圈仍通入直流电流，产生主极磁通 Φ。电枢上不外加直流电压，而用原动机拖动电枢恒速旋转，使电枢线圈切割磁力线而产生感应电动势，电动势的方向由右手定则确定。由于电枢连续的旋转，电枢绕组的每个线圈边交替地切割 N 极和 S 极下的磁力线，产生交变的感应电动势。再通过换向器的作用，使得在上下两个电刷端输出的电动势为一个方向相同的脉动电动势。比如，从电刷 A 总是输出切割 N 极磁力线的线圈边所产生的正向电动势，从电刷 B 总是输出切割 S 极磁力线的线圈边所产生的负向电动势，这样，电刷 A 始终为正极性，而电刷 B 始终为负极性。因此，虽然线圈切割不同极性磁极所产生的感应电动势是交变的，但通过换向器的作用，在电刷两端却输出直流电压。

二、直流电机的构造、励磁方式

1. 直流电机的构造

直流电动机和直流发电机在主要结构上基本相同，常用的中小型直流电动机结构如图 2-2 所示。直流电动机主要由定子、转子，电刷装置、端盖、轴承、通风冷却系统等部件组成。

（1）定子　定子由机座、主磁极、换向极、电刷装置等组成，其剖面结构示意图如图 2-3 所示。它的主要作用是产生主磁场和作电机的机械支架。

（2）转子　转子（又称电枢）由电枢铁心、电枢绕

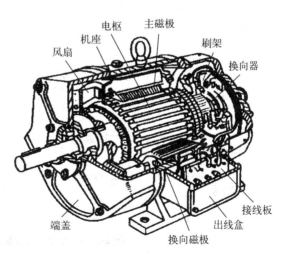

图 2-2　直流电机基本结构

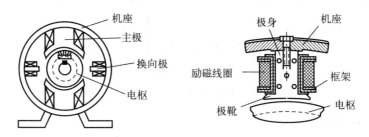

图 2-3　直流电机剖面结构

组、换向器、转轴和风扇等组成，如图 2-4 所示。它的作用是产生电磁转矩或感应电动势，实现机电能量的转换。

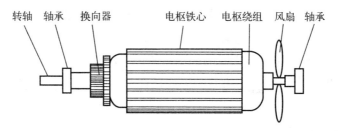

图 2-4　直流电机转子（电枢）

2. 直流电机的励磁方式

在直流电机中，由定子励磁线圈通电所产生的主磁场称为励磁磁场。不同的励磁方式，直流电机的运行特性有很大差异。按励磁绕组的供电方式不同，可把直流电机分成下列四种：他励式、并励式、串励式、复励式。如图 2-5 所示。

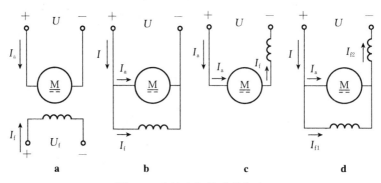

图 2-5　直流电机的励磁方式

a. 他励式　b. 并励式　c. 串励式　d. 复励式

三、直流电动机的运行特性、起动、调速及制动

原动机为直流电动机的电机拖动系统称直流电力拖动系统，或称直流电机拖动系统。本节重点介绍由他励直流电动机组成的直流电力拖动系统。

1. 直流电动机的运行特性

（1）**机械特性的一般形式** 他励式直流电动机的电路图如图 2-6 所示，电动机的电磁转矩与转速之间的关系曲线便是电动机的机械特性，即 $n=f(T_e)$。为了推导机械特性公式的一般形式，在电枢回路中串入外接电阻 R。由转矩特性和转速特性推导可得机械特性的一般表达式为：

$$n=n_0-\beta T_e \qquad (2\text{-}1)$$

式中 n_0——理想空载转速；

        β——下降斜率；

        T_e——电磁转矩。

（2）**固有机械特性** 直流电动机在电枢电压、励磁电压均为额定值，电枢外串电阻

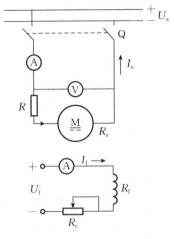

图 2-6 他励直流电动机接线

为零时所得的机械特性称为固有机械特性。特性曲线如图 2-7 所示，曲线满足如下公式：

$$n=\frac{U_N}{C_e\Phi}-\frac{R_a}{C_e C_T \Phi_N^2}T_e \qquad (2\text{-}2)$$

式中 C_e——电机电动势系数；

        C_T——电机转矩系数。

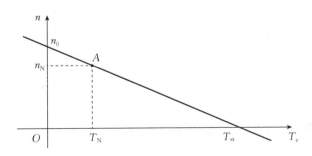

图 2-7 他励直流电动机固有机械特性

固有机械特性的主要特点为：

① $T_e=0$ 时，$n=n_0$ 是理想空载转速，这时 $I_a=0$，$U_N=E_a$。

② 机械特性呈下倾的直线，转速随转矩增大而减小。因为下倾的斜率 β 较小，转速变化较小，所以又称为硬特性。

③ 电动机起动时，在额定电压的作用下，起动电流非常大，远远超过电动机所允许的最大电流，会烧坏换向器，因此直流电动机一般不允许全电压直接起动。

④ 若转矩 $T_e>T_{st}$，$n<0$，特性曲线在第四象限；若 $T_e<0$，$n>0$，则特性曲线在第二象限，电磁转矩与转速方向相反，形成制动转矩，电动机处于发电状态。

（3）**人为机械特性**　由公式（2-2）可知，当改变电动机的参数电枢电压 U_N、励磁电流 I_f（磁通 Φ）、电枢外接电阻 R_a，可改变电动机的机械特性，这种人为改变参数引起的机械特性又称人为机械特性。

2. 直流电动机的起动

起动就是指电动机接通电源后，由静止状态加速到某一稳态转速的过程。他励直流电动机起动时，必须先加额定励磁电流建立磁场，然后再加电枢电压。

在起动瞬间，电动机的转速 $n=0$，感应电动势 $E_a=0$，电枢回路只有电枢绕组电阻 R_a，此时电枢电流为起动电流 I_{st}，对应的电磁转矩为起动转矩 T_{st}，并有：

$$I_{st}=\frac{U_N}{R_a} \tag{2-3}$$

$$T_{st}=C_T\Phi_N I_{st} \tag{2-4}$$

由于电枢绕组电阻 R_a 很小，因此起动电流 $I_{st} \gg I_N$（为 $10\sim20$ 倍的 I_N），这么大的起动电流使电机换向困难，在换向片表面产生强烈的火花，甚至形成环火；另外，由于大电流产生的转矩过大，将损坏拖动系统的传动机构，这都是不允许的。因此，一般直流电动机都不允许直接起动。这样，就需要增加起动设备和采取措施来控制直流电动机的起动过程。

一般直流电动机拖动负载顺利起动的条件是：

① 起动电流限制在一定范围内，即 $I_{st} \leqslant \lambda I_N$，$\lambda$ 为直流电动机的过载倍数。

② 足够大的起动转矩，$T_{st} \geqslant (1.1\sim1.2)T_N$。

③ 起动设备简单、可靠。

如何限制起动时的电枢电流呢？由 $I_{st}=U_N/R_a$ 可知，限制起动电流的措施有两个：一是增加电枢回路电阻，二是降低电源电压，即直流电动机的起动方法有电枢串电阻和降压两种。

3. 直流电动机的调速

调速可用机械调速（改变传动机构速比进行调速的方法）、电气调速（改变电动机参数进行调速的方法）或二者配合起来调速。本节只讨论他励直流电动机的调速性能和几种常用的电气调速方法。

(1) 调速指标

① 调速范围：调速范围是指电动机在额定负载下可能达到的最高转速 n_{max} 和最低转速 n_{min} 之比，通常用 D 来表示，即：

$$D=\frac{n_{max}}{n_{min}} \qquad (2-5)$$

调速范围反映了生产机械对调速的要求，不同的生产机械对电动机的调速范围有不同的要求，一般 D 取 $20\sim120$ 不等。对于一些经常轻载运行的生产机械，可以用实际负载时的最高转速和最低转速之比来计算调速范围 D。

② 静差率：静差率 δ 是指在同一条机械特性上，从理想空载到额定负载时的转速降与理想空载转速之比。用百分比表示为：

$$\delta=\frac{\Delta n_N}{n_0}\times100\%=\frac{n_0-n_N}{n_0}\times100\% \qquad (2-6)$$

静差率 δ 反映了拖动系统的相对稳定性。不同的生产机械，其允许的静差率是不同的，如普通 $\delta\leqslant30\%$，而精度高的则要求 $\delta\leqslant0.1\%$。

静差率 δ 值与机械特性的硬度及理想空载转速 n_0 有关。当理想空载转速 n_0 一定时，机械特性越硬，额定速降 Δn_N 越小，则静差率越小。而且调速范围 D 与静差率 δ 两项性能指标是互相制约的。在同一种调速方法中，δ 值较大即静差率要求较低时，可得到较宽的调速范围。

③ 平滑性：在一定的调速范围内，调速的级数越多，则认为调速越平滑。平滑性用平滑系数 ρ 来衡量，它是相邻两级转速之比：

$$\rho=\frac{n_i}{n_{i-1}} \qquad (2-7)$$

ρ 越接近于 1，则系统调速的平滑性越好。当 $\rho=1$ 时，称无级调速，即转速可以连续调节，采用调压调速的方法可实现系统的无级调速。

（2）**直流电动机的调速方法** 前面曾介绍过他励直流电动机具有三种人为的机械特性，因而他励直流电动机有三种调速方法，下面分别介绍。

① 串电阻调速：他励直流电动机拖动生产机械运行时，保持电枢电压额定，励磁电流（磁通）额定，在电枢回路串入不同的电阻时，电动机可运行于不同的速度。

他励直流电动机串电阻调速的机械特性如图 2-8 所示，是一组过理想空载点 n_0 的直线，串入的电阻越大，其斜率 β 越大。

电枢回路串电阻调速的特点是：

a. 实现简单，操作方便。

b. 低速时机械特性变软，静差率增大，相对稳定性变差。

c. 只能在基速以下调速，因而调速范围较小，一般 $D \leqslant 2$。

d. 由于电阻是分级切除的，所以只能实现有级调速，平滑性差。

e. 由于串接电阻上要消耗电功率，因而经济性较差，而且转速越低，能耗越大。

因此，电枢串电阻调速的方法多用于对调速性能要求不高的场合。

② 调电压调速：他励直流电动机拖动负载运行时，保持励磁电流（磁通）额定，电枢回路不串电阻，改变电枢两端的电压，可以得到不同的转速。由于受电机绝缘耐压的限制，其电枢电压不允许超过额定电压，只能在额定电压 U_N 以下进行，因此，调压调速也是一种在基速以下调节转速的方法。

调压调速的机械特性如图 2-9 所示。

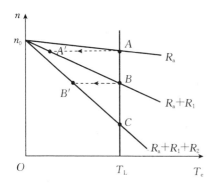

图 2-8 他励直流电动机串
电阻调速机械特性

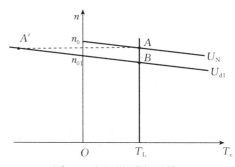

图 2-9 调压调速机械特性

调压调速的特点是：

a. 由于调压电源可连续平滑调节，所以拖动系统可实现无级调速。

b. 调速前后机械特性硬度不变，因而相对稳定性较好。

c. 在基速以下调速，调速范围较宽，D 可达 $10\sim20$。

d. 调速过程中能量损耗较少，因此调速经济性较好。

e. 需要一套可控的直流电源。

调压调速多用在对调速性能要求较高的生产机械上。

③ 弱磁调速：他励直流电动机拖动负载运行时，保持电枢电压额定，电枢回路不串电阻，改变励磁电流（磁通），可以得到不同的转速。由于电动机在额定运行时，磁路已接近饱和，因此改变磁通调速，实际上是减弱磁通，所以叫弱磁调速。弱磁调速的机械特性如图 2-10 所示。

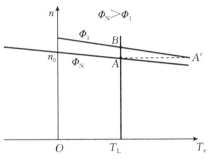

图 2-10　弱磁调速机械特性

弱磁调速的特点是：

a. 由于励磁电流 $I_f \ll I_a$，因而控制方便，能量损耗小。

b. 可连续调节励磁电阻值，以实现无级调速。

c. 在基速以上调速，由于受电机机械强度和换向火花的限制，转速不能太高，一般为 $(1.2\sim1.5)n_N$，特殊设计的弱磁调速电动机，最高转速为 $(3\sim4)n_N$，因而调速范围窄。

弱磁调速的调速范围小，所以很少单独使用，一般都与调压调速配合，以获得较宽范围、高效、平滑而又经济的调速。

4. 直流电动机的制动

电动机在制动状态运行时，其电磁转矩 T_e 与转速 n 方向相反，此时 T_e 为制动性阻转矩，电动机吸收机械能并转化为电能，该电能或消耗在电阻上，或回馈电网。

制动的目的是使拖动系统停车，或使拖动系统减速。对于位能性负载的工作机构，用制动可获得稳定的下放速度。制动的方法有几种。最简单的就是自由停车，即切除电源，靠系统摩擦阻转矩使之停车，但时间较长。要使系统实现快速停车，可以使用电磁制动器，即将制动电磁铁的线圈接通，通过机械抱闸制动电机；还可以使用电气制动的方法，即由电动机提供一个制

动性阻转矩 T_e，以加快减速；也可以将电磁抱闸制动与电气制动同时使用，加强制动效果。这里主要介绍电气制动的方法，常用的电气制动方法有能耗制动、反接制动、回馈制动三种。

（1）能耗制动 能耗制动的机械特性与电动机所带负载的特性有关，对于反抗性负载，其机械特性曲线在第二象限，没有稳定运行点，称为能耗制动过程；对于位能性负载，其机械特性曲线在第四象限，有稳定运行点，故称为能耗制动运行状态。他励直流电动机的能耗制动控制电路原理图及制动过程如图 2-11 所示。

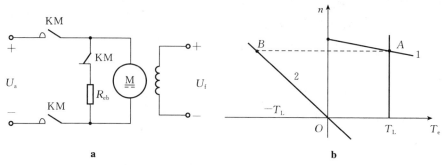

图 2-11 他励直流电动机的能耗制动
a. 控制电路原理 b. 能耗制动过程

能耗制动的线路简单、经济、安全；用于反抗性负载可实现准确停车；用于位能性负载，可匀速下放重物。但在制动过程中，随着转速的下降，制动转矩随之减小，制动效果变差，为使电机更快停车，可在转速降到一定程度时，切除一部分电阻，使制动转矩增大，从而加强制动作用。

（2）反接制动 为了使生产机械快速停车或反向运行，可采用反接制动。有两种反接制动方式：电枢反接制动（一般用于反抗性负载）和倒拉反接制动（用于位能性负载）。

① 电枢反接制动：电枢反接制动是把正向运行的他励直流电动机的电源电压突然反接。电枢电压的反接制动原理图和机械特性如图 2-12 所示。

与能耗制动电阻相比，电压反接制动电阻几乎大一倍，机械特性比能耗制动陡得多，因此比能耗制动时制动作用更强烈，制动更快。如能使制动停车过程中电枢电流始终保持最大值，即停车过程中始终保持最大的减速度，则制动效果最佳，这需要自动控制系统来完成。

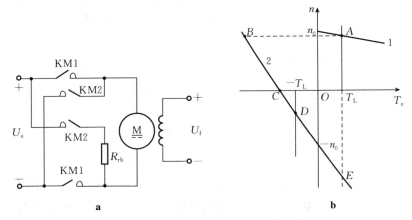

图 2-12　他励直流电动机的反接制动

a. 原理　b. 机械特性

② 倒拉反接制动：他励直流电动机拖动位能性负载，如起重机下放重物时，若在电枢回路串入大电阻，致使电磁转矩小于负载转矩，这样电机将被制动减速，并被负载反拖进入第四象限运行，如图 2-13 所示，这一制动方式被称为倒拉反接制动。

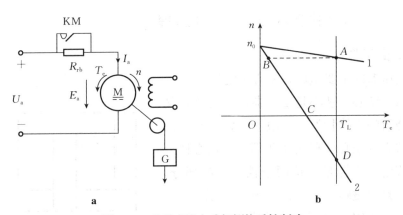

图 2-13　他励直流电动机倒拉反转制动

a. 原理　b. 机械特性

电枢回路串入不同的电阻 R_{rb}，可得到不同的下放速度，所串电阻越大，下放速度越高。

（3）回馈制动（再生发电制动）　电动状态下运行的电动机，在某种条件下（如电动车辆下坡时）会出现运行转速 n 高于理想空载转速 n_0 的情况，此时 $E_a > U$，电枢电流 I_a 反向，电磁转矩 T_e 方向也随之改变，由拖动性转矩变成制动性转矩，即 T_e 与 n 方向相反。从能量传递方向看，电机处于发电状态，将机械能变成电能回馈给电网，因此称这种状态为回馈制动状态。

回馈制动的重要特点是：$n>n_0$，$E_a>U$，向电源回馈电能，运行经济。由于其功率关系与直流发电机一样，故又称为再生发电制动。

第二节　变　压　器

变压器是一种静止的电能转换装置，它利用电磁感应原理，根据需要可以将一种交流电压和电流等级转变成同频率的另一种电压和电流等级。它对电能的经济传输、灵活分配和安全使用具有重要的意义；同时，在电气的测试、控制和特殊用电设备上也有广泛的应用。

我国《钢质海洋渔船建造规范》规定：除用于电动机起动者外，所有变压器均应采用双绕组式，其初级与次级绕组间应无电的连接。一般应采用空气冷却的干式变压器，液冷式变压器的使用应经渔船检验监督管理机构特殊批准。

一、变压器的基本结构与工作原理

1. 变压器的基本结构

变压器的主要组成是铁心和绕组。

（1）铁心　铁心是变压器的主磁路，又作为绕组的支撑骨架，一般用硅钢片叠压而成。铁心分铁心柱和铁轭两部分，铁心柱上装有绕组，铁轭是连接两个铁心柱的部分，其作用是使磁路闭合。如图 2-14 所示。

（2）绕组　绕组是变压器的电路部分，常用绝缘铜线或铝线绕制而成，近年来还有

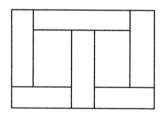

图 2-14　变压器的铁心构造

用铝箔绕制的。为了使绕组便于制造和在电磁力作用下受力均匀以及机械性能良好，一般电力变压器都把绕组绕制成圆形的。如图 2-15 所示。

2. 变压器的工作原理

由于变压器是利用电磁感应原理工作的，因此它主要由铁心和套在铁心上的两个（或两个以上）互相绝缘的线圈所组成，线圈之间有磁的耦合，但

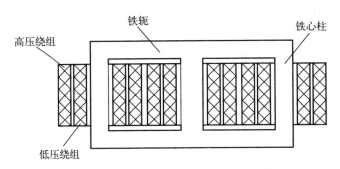

图 2-15　铁心柱式变压器的铁心和绕组

没有电的联系。变压器的工作原理图如图 2-16 所示，变压器的常用电路符号如图 2-17 所示。

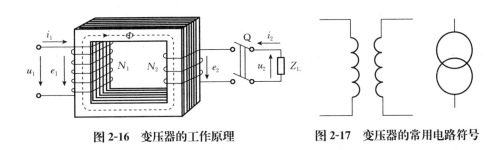

图 2-16　变压器的工作原理　　　**图 2-17　变压器的常用电路符号**

（1）电压变换作用　根据电磁感应定律 $u=-e=N\dfrac{\mathrm{d}\Phi}{\mathrm{d}t}$ 可得：

$$\frac{U_1}{U_2}=\frac{E_1}{E_2}=\frac{N_1}{N_2}=k \tag{2-8}$$

式中，k 称为匝比，亦称为电压比。一次、二次绕组的端电压与它们的匝数成正比。当 $k>1$ 时，$U_1>U_2$，为降压变压器；$k<1$ 时，$U_1<U_2$，为升压变压器；当 $U_1=U_2$ 时，为隔离变压器。

（2）电流变换作用　根据能量守恒原理，可得变压器一次、二次绕组电流有效值的关系：

$$\frac{I_1}{I_2}=\frac{1}{k} \tag{2-9}$$

（3）阻抗变换作用　从一次绕组的原边看理想变压器的输入阻抗为：

$$Z_1=k^2 Z_2 \tag{2-10}$$

3. 变压器的额定参数

（1）**额定电压 U_{1N} 和 U_{2N}**   一次绕组的额定电压 U_{1N} 是根据变压器的绝缘强度和容许发热条件规定的一次绕组正常工作电压值。二次绕组的额定电压 U_{2N} 指一次绕组加上额定电压，分接开关位于额定分接头时，二次绕组的空载电压值。对三相变压器，额定电压指线电压。

（2）**额定电流 I_{1N} 和 I_{2N}**   额定电流 I_{1N} 和 I_{2N} 是根据容许发热条件而规定的绕组长期容许通过的最大电流值。对三相变压器，额定电流指线电流。

（3）**额定容量 S_N**   额定容量 S_N 指额定工作条件下变压器输出能力（视在功率）的保证值。三相变压器的额定容量是指三相容量之和。常用单位为伏安（V·A）或千伏安（kV·A）。

二、三相变压器

三相芯式变压器的特点是三相主磁通磁路相互联系，为了使结构简单、制造方便、减小体积和节省硅钢片，可将三相铁心柱布置在同一平面内。常用的三相芯式变压器的铁心结构如图 2-18 所示。

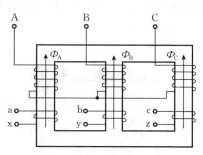

图 2-18   三相芯式变压器结构

在三相变压器中，绕组的联结主要采用星形和三角形两种联结方法，如图 2-19 所示。

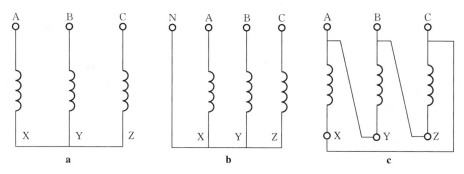

图 2-19   三相变压器绕组的联结

a. 无中线的星形联结   b. 有中线的星形联结   c. 三角形联结

1. 同极性端（同名端）判别

当电流流入（或流出）两个线圈时，若产生的磁通方向相同，则两个流入（或流出）端称为同极性端（同名端）。或者说，当铁心中磁通变化（增大或减小）时，在两线圈中产生的感应电动势极性相同的两端为同极性端。

同极性端的测定方法如下：

① 方法一：交流法。把两个线圈的任意两端（X－x）连接，然后在 A－X 上加一小电压 u。如图 2-20 所示。

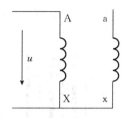

图 2-20　交流法测同极性端

测量：U_{AX}、U_{ax}、U_{Aa}。

结论：若 $U_{Aa}=U_{AX}+U_{ax}$，说明 A 与 x 或 X 与 a 是同极性端；

若 $U_{Aa}=U_{AX}-U_{ax}$，说明 A 与 a 或 X 与 x 为同极性端。

② 方法二：直流法。如图 2-21 所示。

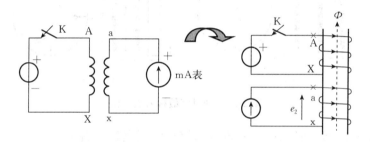

图 2-21　直流法测同极性端

结论：如果当 K 闭合时，mA 表正偏，则 A 与 a 为同极性端；

如果当 K 闭合时，mA 表反偏，则 A 与 x 为同极性端。

2. 变压器的联结组

由于变压器绕组可以采用不同的联结，因此一次绕组和二次绕组的对应线电动势（或线电压）之间将产生不同的相位移。为了简单明了地表达绕组的联结及对应线电动势（或线电压）之间的相位关系，将变压器一次、二次绕组的联结分成不同的组合称为绕组的联结组。联结组标号按照《电力变压器　第 1 部分：总则》（GB 1094.1—2013）中的《钟时序数标号表示法》进行确定，即把高压侧相量图在 A 点对称轴位置指向外的相量作为时钟的长针（即分针），始终指向钟面的"12"处，根据高低压侧绕组相电动势（或相电压）的相位关系作出的低压侧相量图，其相量图在 a 点对称轴位置处指向外的相量作为时钟的短针（即时针），它所指的钟点数即为该变压器的联结组的标号（图 2 - 22）。

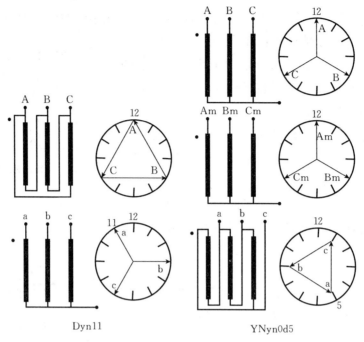

Dyn11   YNyn0d5

图 2-22　钟时序数标号表示法

三相变压器的联结组标号不仅与绕组的同名端及首末端的标记有关，还与三相绕组的联结方式有关。根据联结图，用相量图法判断联结组的标号一般可分为四个步骤：

① 标出高、低压侧绕组相电动势的假定正方向。

② 作出高压侧的电动势相量图，将相量图的 A 点放在钟面的"12"处，相量图按逆时针方向旋转，相序为 A－B－C（相量图的三个顶点 A、B、C 按顺时针方向排列）。

③ 判断同一相高、低压侧绕组相电动势的相位关系，作出低压侧的电动势相量图，相量图按逆时针方向旋转，相序为 a－b－c（相量图的三个顶点 a、b、c 按顺时针方向排列）。

④ 确定联结组的标号，观察低压侧的相量图 a 点所处钟面的序数（就是几点钟），即为该联结组的标号。

3. 变压器的并联运行

在电力系统中，常采用多台变压器并联运行的运行方式。所谓并联运行，就是将两台或两台以上的变压器的一次、二次绕组分别并联到公共母线上，同时对负载供电。

（1）变压器并联运行的优点

① 提高供电的可靠性。并联运行的某台变压器发生故障或需要检修时，可以将它从电网上切除，而电网仍能继续供电。

② 提高运行的经济性。当负载有较大的变化时，可以调整并联运行的变压器台数，以提高运行的效率。

③ 可以减小总的备用容量，并可随着用电量的增加而分批增加新的变压器。当然，并联运行的台数过多也是不经济的，因为一台大容量的变压器，其造价要比总容量相同的几台小变压器的低，而且占地面积小。

（2）变压器并联运行的理想情况和条件　变压器并联运行的理想情况如下：

① 空载时并联运行的各台变压器之间没有环流。

② 负载运行时，各台变压器所分担的负载电流按其容量的大小成比例分配，使各台变压器能同时达到满载状态，使并联运行的各台变压器的容量得到充分利用。

③ 负载运行时，各台变压器二次侧电流同相位，这样当总的负载电流一定时，各台变压器所分担的电流最小；如果各台变压器的二次侧电流一定，则承担的负载电流最大。

我国《钢质海洋渔船建造规范》规定，变压器并联运行，需要满足下列 4 个条件：

① 并联运行的各台变压器的额定电压应相等，即各台变压器的电压比应相等。

② 并联运行的各台变压器的联结组号必须相同，变压器的联结组标号不同时绝对不允许并联运行。

③ 并联运行的各台变压器的短路阻抗（或阻抗电压）的相对值要相等。

④ 当多台变压器并联运行时，该组中最小变压器额定容量应不小于并联运行中最大变压器额定容量的一半。

三、仪用互感器

仪用互感器是专供测量仪表，继电保护和控制装置等用的变压器，有电流互感器和电压互感器两种。使用互感器目的在于：①扩大测量仪表的量程；②使测量仪表或设备与高压电路绝缘隔离，以保证人身和设备的安全。

使用电压互感器专用于变换电压，而电流互感则专用于变换电流，两者功用不同，其结构和工作的特点也有所不同。

1. 电压互感器

电压互感器在结构形式上与小型电压变压器没有什么不同，原绕组并接被测高电压，而副绕组则与各种仪器仪表的电压线圈串接，电压互感器实质上就是一个降压变压器，其工作原理和结构与双绕组变压器基本相同，主要用作低量程的电压表测高电压。接线和符号如图 2-23 所示。

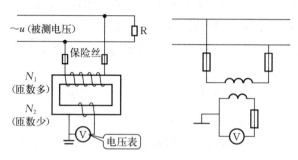

图 2-23 电压互感器的接线图及电路符号

常用电压互感器副边的标准额定电压是 100 V，由变压器的变压原理可知，100 V 量程的电压表通过电压互感器可测量最高电压为 $U=(N_1/N_2)\times 100$。其中，N_1、N_2 分别为电压互感器的原、副边绕组线圈数，可见电压表的量程通过电压互感器扩大了 N_1/N_2 倍。

使用电压互感器时应注意：

① 电压互感器的低压侧（二次侧）不允许短路，否则会造成副边、原边出现大电流，烧坏互感器，故在高压侧应接入熔断器进行保护。

② 为防止电压互感器高压绕组绝缘损坏，使低压侧出现高电压，电压互感器的铁心、金属外壳和副绕组的一端必须可靠接地。

2. 电流互感器

电流互感器的外形和绕组与电压互感器有不同特点，电流互感器类似于一个升压变压器，它的一次绕组匝数很少，一般只有一匝到几匝，而二次绕组匝数很多，与各种仪器仪表的电流线圈串联。主要用于低量程的电流表测大电流。接线和符号如图 2-24 所示。

常用电流互感器的副边标准额定电流为 5A。根据变压器变流原理可知，满量程为 5A 的电流表的通过电流互感器可测量的最大电流为 $I=(N_2/N_1)\times 5$。其中，N_2、N_1 为电流互感器副边、原边的匝数，可见电流

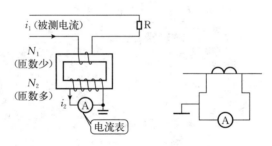

图 2-24　电流互感器的接线图及电路符号

互感器将 5A 电流表的量程扩大了 N_2/N_1 倍。

使用注意：

① 电流互感器在运行中不允许副边开路，以防产生高电压；因为它的原绕组是与负载串联的，其电流 I_1 的大小决定于负载的大小，而与副边电流 I_2 无关，所以当副边开路时铁心中由于没有 I_2 的去磁作用，主磁通将急剧增加，这不仅使铁损急剧增加，铁心发热，而且将在副绕组感应出数百甚至上千伏的电压，造成绕组的绝缘击穿，并危及工作人员的安全。为此在电流互感器二次电路中不允许装设熔断器，在二次电路中拆装仪表时，必须先将绕组短路。

② 为了安全，电流互感器的铁心和二次绕组的一端也必须接地，以防在绝缘损坏时，在副边出现过电压。

第三节　异步电动机

异步电动机结构简单、容易制造、价格低廉、运行可靠、坚固耐用、运行效率较高和具有适用的工作特性，所以在船舶上广泛使用。

一、三相异步电动机的结构和铭牌参数

1. 三相异步电动机的结构

图 2-25 和图 2-26 分别是绕线式和笼式三相异步电动机的结构图。与直流电机一样，它主要是由定子和转子两大部分组成，定子与转子之间有一个较小的空气隙。此外，还有端盖、轴承、机座、风扇等部件。

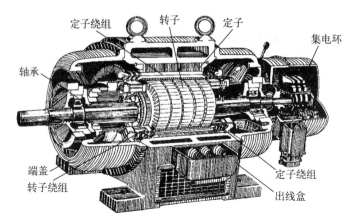

图 2-25　绕线式三相异步电动机的结构

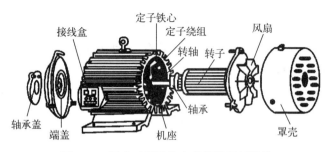

图 2-26　笼式三相异步电动机的解剖结构

（1）定子　异步电动机的定子主要是由机座、定子铁心和定子绕组三个部分组成的。

① 定子铁心：定子铁心是异步电动机主磁通磁路的一部分，装在机座里，如图 2-27 所示。由于电机内部的磁场是交变的磁场，为了降低定子铁心里的铁损耗，定子铁心采用 0.35～0.5 mm 厚的硅钢片叠压而成，在硅钢片的两面还应涂上绝缘漆。

② 定子绕组：大、中型容量的高压异步电动机三相定子绕组通常采用 Y 接法，只有三根引出线，如图 2-28a 所示。对中、小容

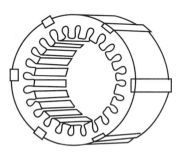

图 2-27　定子铁心

量的低压异步电动机，通常把定子三相绕组的六根出线头都引出来，根据需要可接成 Y 形或△形，如图 2-28b 所示。

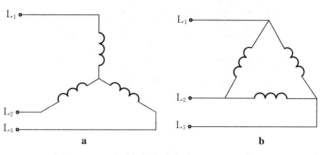

图 2-28　三相异步电动机定子绕组的接法

a. Y 形接法　b. △形接法

③ 机座：机座的作用主要是为了固定与支撑定子铁心。

（2）**转子**　异步电动机的转子主要是由转子铁心、转子绕组和转轴三部分组成的。

① 转子铁心：转子铁心也是电动机主磁通磁路的一部分，它用 0.35～0.5 mm 厚的硅钢片叠压而成。

② 转子绕组：如果是绕线式异步电动机，则转子绕组也是按一定规律分布的三相对称绕组，它可以连接成 Y 形或△形。一般小容量电动机连接成△形，大、中容量电动机连接成 Y 形。转子绕组的三条引线分别接到三个滑环上，用一套电刷装置引出来，如图 2-29 所示。

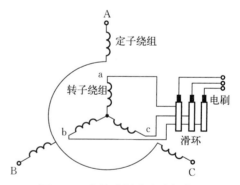

图 2-29　绕线式异步电动机定、转子绕组接线方式

如果是笼式异步电动机，则转子绕组与定子绕组大不相同，它是一个自己短路的绕组。在转子的每个槽里放上一根导体，每根导体都比铁心长，在铁心的两端用两个端环把所有的导条都短路起来，形成一个自己短路的绕组。如果把转子铁心拿掉，则可看出，剩下来的绕组形状像一个笼子，如图 2-30 所示。

（3）**气隙**　异步电动机定、转子之间的空气间隙简称为气隙，它比同容量直流电动机的气隙要小得多。在中、小型异步电动机中，气隙一般为 0.2～1.5 mm。

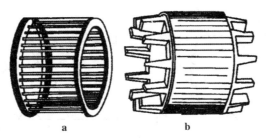

图 2-30　笼型转子

a. 铜条绕组转子　　b. 铸铝绕组转子

异步电动机的励磁电流是由定子电源供给的。气隙较大时，磁路的磁阻较大。若要使气隙中的磁通达到一定的要求，则相应的励磁电流也就大了，从而影响电动机的功率因数。为了提高功率因数，尽量让气隙小些。但也不应太小，否则，定、转子有可能发生摩擦与碰撞。

2. 三相异步电动机的铭牌参数

每台异步电动机的外壳上都有一块铭牌，上面标示着这台电动机的主要技术数据，方便使用者正确选用和维护电机。表 2-1 为某一台异步电动机的铭牌数据。

表 2-1　异步电动机的铭牌

三相异步电动机			
型号	Y100L1-4	接法	△/Y
功率	2.2 kW	工作方式	S1
电压	220/380 V	绝缘等级	B
电流	8.6/5 A	温升	70 ℃
转速	1 430 r/min	重量	34 kg
频率	50 Hz	编号	
		××　电机厂　出厂日期	

（1）型号　型号表示电动机的结构形式、机座号和极数。例如，Y100L1-4 中，Y 表示鼠笼式异步电动机（YR 表示绕线式异步电动机），100 表示机座中心高为 100 mm，L 表示长机座（S 表示短机座，M 表示中机座），1 为铁心长度代号，4 表示 4 极电动机。

（2）额定电压 U_N　额定电压是电动机定子绕组应加线电压的额定值，有些异步电动机铭牌上标有 220/380 V，相应的接法为△/Y。它说明当电源线电压为 220 V 时，电动机定子绕组应接成△形；当电源线电压为 380 V 时，应接成 Y 形。

（3）额定电流 I_N　额定电流是指电动机在额定运行时，定子绕组的线电流。

（4）额定转速 n_N　额定转速是指电动机额定运行时的转速。

（5）额定频率 f_N　额定频率是指电动机在额定运行时的交流电源的频率，我国工频为 50 Hz。

（6）工作方式　工作方式是指电动机的运行状态。根据发热条件可分为三种：S1 表示连续工作方式，允许电机在额定负载下连续长期运行；S2 表示短时工作方式，在额定负载下只能在规定时间短时运行；S3 表示断续工作方式，可在额定负载下按规定周期性重复短时运行。

（7）绝缘等级　绝缘等级是由电动机所用的绝缘材料决定的。按耐热程度不同，将电动机的绝缘等级分为 A、E、B、F、H、C 等几个等级，它们允许的最高温度如表 2-2 所示。

表 2-2　电动机的绝缘等级

绝缘等级	A	E	B	F	H	C
最高允许温度（℃）	105	120	130	155	180	＞180

（8）温升　温升是指在规定的环境温度下，电动机各部分允许超出的最高温度。通常规定的环境温度是 40 ℃，如果电机铭牌上的温升为 70 ℃，则允许电机的最高温度可以是 110 ℃。显然，电动机的温升取决于电机的绝缘材料的等级。电机在工作时，所有的损耗都会使电机发热，温度上升。在正常的额定负载范围内，电动机的温度是不会超出允许温升的，绝缘材料可保证电动机在一定期限内可靠工作。如果超载，尤其是故障运行，则电动机的温升超过允许值，电动机的寿命将受到很大的影响。

3. 分类

异步电动机的种类很多，从不同的角度考虑，有不同的分类方法。

按定子相数分有：单相异步电动机、三相异步电动机。

按转子结构分有：绕线式异步电动机、鼠笼式异步电动机，其中又包括单鼠笼异步电动机、双鼠笼异步电动机、深槽式异步电动机。

按有无换向器分有：无换向器异步电动机、换向器异步电动机。

按不同的冷却方式和保护方式分有：开启式、防护式、封闭式和防爆式。

此外，根据电动机定子绕组上所加电压大小，电动机又可分为高压异步电动机、低压异步电动机。从其他角度看，还有高起动转矩异步电动机、高转差率异步电动机、高转速异步电动机等。

二、三相异步电动机的工作原理

1. 旋转磁场的产生

三相异步电动机定子绕组是空间对称的三相绕组，即 $U_1 - U_2$、$V_1 - V_2$ 和 $W_1 - W_2$，空间位置相隔120°。若将它们作星形连接，如图 2-31 所示，接三相对称电源，就有三相对称电流流入对应的定子绕组。

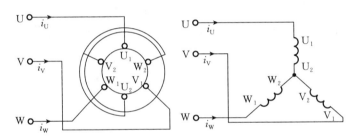

图 2-31　三相定子绕组的分布

当三相交流电变化一周时，合成磁场在空间上正好转过一周。若三相交流电不断变化，则产生的合成磁场在空间不断转动，形成旋转磁场。

2. 旋转磁场的转速和转向

一对磁极的旋转磁场电流每交变一次，磁场就旋转一周。设电源的频率为 f_1，即电流每秒钟变化了 f_1 次，磁场每秒钟转了 f_1 圈，则旋转磁场的转速 $n_1 = f_1$（单位为 r/s），习惯上用每分钟的转数来表达转速，即 $n_1 = 60f_1$（单位为 r/min）。两对磁极的旋转磁场，电流每变化了一次，旋转磁场转了 $f_1/2$ 圈，即旋转磁场的转速为 $n_1 = 60f_1/2$（单位为 r/min）。

以此类推，p 对磁极的旋转磁场，电流每交变一次，磁场就在空间转过 $1/p$ 周，因此，转速应为：

$$n_1 = \frac{60f_1}{p} \quad (\text{r/min}) \tag{2-11}$$

旋转磁场的转速 n_1 也称为同步转速，由式（2-11）可知，它取决于电源频率和旋转磁场的磁极对数。我国的工频为 50 Hz，因此，同步转速与磁极对数的关系如表 2-3 所示。

表 2-3　同步转速与磁极对数对照表

磁极对数 p（对）	1	2	3	4	5
同步转速 n_1（r/min）	3 000	1 500	1 000	750	600

旋转磁场的转向是由通入定子绕组的三相电源的相序决定的。若要改变旋转磁场的转向，只需把接入定子绕组的电源相序改变即可，即将三相电源中的任意两相对调。

3. 转动原理

如前所述，三相异步电动机定子接三相电源后，电机内便形成圆形旋转磁动势及圆形旋转磁场，由此产生感应电动势 e 和电磁转矩 T_e。电磁转矩的方向与旋转磁动势同方向，转子便在该方向上旋转起来。转子旋转后，转速为 n，只要转速小于旋转磁动势同步转速（$n<n_1$），转子与磁场仍有相对运动，电磁转矩 T_e 使转子继续旋转，稳定运行在 $T_e=T_L$ 情况下。异步电动机由电磁感应产生电磁转矩，所以又称为感应电动机。

三、三相异步电动机的工作特性

1. 转差率

三相异步电动机只有在 $n≠n_1$ 时，转子绕组与旋转磁场之间才有相对运动，才能在转子绕组中感应电动势、电流，产生电磁转矩。可见，异步电动机运行时转子的转速 n 总是与同步转速 n_1 不相等。异步的名称就是由此而来的。

通常把同步转速 n_1 和电动机转子转速 n 二者之差与同步转速 n_1 的比值称为转差率（也叫转差或者滑差），用 s 表示，即：

$$s=\frac{n_1-n}{n_1} \tag{2-12}$$

虽然 s 是一个没有单位的量，但它的大小能反映电动机转子的转速。例如，$n=0$ 时，$s=1$；$n=n_1$ 时，$s=0$；$n>n_1$ 时，s 为负。正常运行的异步电动机，转子转速 n 接近同步转速 n_1，转差率 s 很小，一般 s 取 $0.01\sim0.05$。图 2-32 表示 s 在不同取值范围时的运行状态。

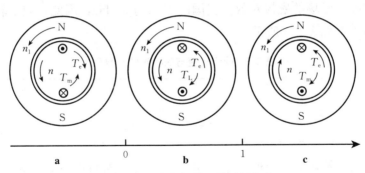

图2-32　异步电机的三种运行方式

a. 发电机方式 $s<0$　b. 电动机方式 $0<s<1$　c. 电磁制动方式 $s>1$

2. 三相异步电动机的电磁转矩

电动机的电磁转矩是由转子感应电流和旋转磁场相互作用而产生的，可以推导证明电磁转矩的大小与转子感应电流的有功分量和旋转磁场的每极磁通成正比，即：

$$T=C_T\Phi I_2\cos\varphi_2 \qquad (2\text{-}13)$$

式中　C_T——异步电动机的转矩系数，与电动机结构有关；

Φ——旋转磁场的每极磁通（Wb）；

I_2——转子电流（A）；

T——电磁转矩（N·m）；

φ_2——转子功率因数角。

经过推导可得：

$$T=CU_1^2\frac{sR_2}{\sqrt{R_2^2+(sX_{20})^2}} \qquad (2\text{-}14)$$

式中　s——转差率；

C——电机常数；

U_1——定子电压；

R_2——转子电阻；

X_{20}——转速为0时转子感抗。

3. 三相异步电动机的机械特性

为了更清楚地说明转子转速与电磁转矩之间的关系，一般用 $n=f(T)$ 曲线来描述异步电动机的机械特性。它直接反映了电磁转矩与转速之间的关系。图2-33中的 T_{st} 为电动机的起动转矩，

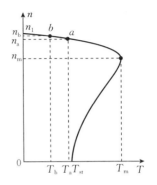

**图2-33　三相异步电动机的
机械特性曲线**

T_N 为额定转矩，n_N 为额定转速。

从三相异步电动机的机械特性曲线可以看出，当电动机起动时，$s=1$，对应的电磁转矩为起动转矩。随着电动机的转速加大，转差率不断减小，电磁转矩不断上升，但电磁转矩达到最大值后，随转差率的减小，电磁转矩也减小。当转差率为零时，转速等于同步转速，电磁转矩等于零，这是一种理想情况。最大电磁转矩 T_m 又称为临界转矩，对应的转差率称为临界转差率 s_m。

（1）稳定区和不稳定区　由图 2-33 可知，以临界转差率 s_m 对应的临界转速 n_m 为界，曲线分为两个不同特征的区域。上边为稳定区，下边为不稳定区。

电动机在稳定区的转速随电磁转矩的变化较小，曲线较平稳。该段曲线越平稳，则负载变化对稳态转速的影响越小，这种机械特征称为硬特性。

（2）三个重要的转矩

① 额定转矩 T_N：额定转矩是指电动机在额定负载的情况下，其轴上输出的转矩。电动机的额定转矩可以通过电机铭牌上的额定功率和额定转速求得：

$$T_N = 9\,550 \frac{P_N}{n_N} \qquad (2\text{-}15)$$

式中　P_N——额定输出功率（kW）。

为了保证电机在运行时安全可靠，不轻易停车，应使电动机的带负载能力留有一定的余量，所以额定转矩一般只能为最大转矩的一半左右。

② 最大转矩 T_m：最大转矩是指电动机所能提供的极限转矩，即：

$$T_m = \frac{CU_1^2}{2X_{20}} \qquad (2\text{-}16)$$

前面说过，最大转矩是稳定区与不稳定区的分界点，故电动机稳定运行时的工作点不能下滑超过此点，否则电动机将停转（堵转）。电动机堵转时的电流很大，一般可达额定电流的 $2\sim7$ 倍，将造成电动机的温度升高超过允许值，若不立即采取措施，就会烧毁电动机。因此，电动机在运行中应避免出现堵转，一旦出现，立即切断电源并卸掉过多负载。

通常用最大转矩与额定转矩之比来描述电动机的过载情况，这个比值称为过载系数，用 λ_m 表示，即：

$$\lambda_m = \frac{T_m}{T_N} \qquad (2\text{-}17)$$

过载系数是衡量电动机短时过载能力和稳定运行的一个重要参数，通常在 $1.8\sim2.2$。

③ 起动转矩 T_{st}：起动转矩是指电动机刚接通电源时，电动机尚未转动起来，即转速为 0 时的电磁转矩。即：

$$T_{st}=CU_1^2\frac{R_2}{\sqrt{R_2^2+X_{20}^2}} \tag{2-18}$$

起动转矩大于额定转矩，它决定了该电动机的起动能力。显然，起动转矩越大，电动机的起动能力就越强，起动所需的时间也就越短。反之，若起动转矩小于负载转矩，则电动机不能起动。

异步电动机的起动能力用起动转矩与额定转矩的比值 λ_{st} 来表示，即：

$$\lambda_{st}=\frac{T_{st}}{T_N} \tag{2-19}$$

一般鼠笼式异步电动机的起动能力较差，在 $0.8\sim2.2$，所以有时采用轻载起动。绕线式异步电动机的转子可以通过滑环外接的电阻器来调节起动能力。起动能力也是选用电动机的一个重要参数。

4. 三相异步电动机的特点

① 异步电动机具有硬的机械特性，即随着负载的变化而转速变化很少。

② 异步电动机具有较大的过载能力。

③ 转子电阻的改变会影响电动机的临界转差率和起动转矩，转差率与转子电路的电阻成正比；合理增加转子电阻，可以提高起动转矩，而最大转矩与转子电阻无关。

④ 异步电动机的电磁转矩与定子绕组上的电源电压的平方成正比。

四、三相异步电动机的起动、调速与制动

1. 三相异步电动机的起动

(1) 异步电动机起动的主要问题

① 起动电流 I_{st} 大，起动电流与额定电流之比一般为 $5\sim7$。

起动电流大，对不是频繁起动的电动机本身影响不大，因为起动时间较短（$1\sim3\,s$）。但对频繁起动的电动机会由于热量积累而引起过热，因此电动机应尽量减少起动次数。

同时，起动电流大会使输电线路上产生过大的电压降，造成由同一输电线路供电的邻近电动机转速变低，电流增大，转矩减小。如果最大转矩降低

到小于负载转矩时，还会使电动机"闷车"而停转。所以，起动电流大是电动机起动的主要缺点。

② 起动转矩 T_{st} 小，一般为额定转矩的 1.0～2.4 倍。

异步电动机的起动转矩如果小于额定转矩，不能满载（带额定负载）起动。足够大的起动转矩，不但能使电动机在重载下起动，还能缩短起动时间。

从上述可知，异步电动机起动时要解决的主要问题是减少起动电流，其次是调整起动转矩。为此须采用适当的起动方法。下面介绍几种实用的起动方法。

(2) 异步电动机起动方法

① 直接起动：直接起动又称为全压起动，起动时，将额定电压通过刀开关或接触器直接接到电动机的定子绕组上进行起动。直接起动最简单，不需附加起动设备，起动时间短。只要电网容量允许，应尽量采用直接起动。但这种起动方法起动电流大，一般只允许小功率的异步电动机（$P_N < 7.5$ kW）进行直接起动；对大功率的异步电动机，应采取降压起动，以限制起动电流。

② 降压起动：通过起动设备将额定电压降低后加到电动机的定子绕组上，以限制电动机的起动电流，待电动机的转速上升到稳定值时，再使定子绕组承受全压（额定电压），从而使电动机在额定电压下稳定运行，这种起动方法称为降压起动。

因为起动转矩与电源电压的平方成正比，所以当定子端电压下降时，起动转矩大大减小。这说明降压起动适用于起动转矩要求不高的场合，如果电动机必须采用降压起动，则应轻载或空载起动。常用的降压起动方法有下面三种。

a. 星形-三角形（Y-△）换接起动：图 2-34 是一个 Y-△起动控制接线原理图，Y-△换接起动方法只适用于正常运行时定子绕组接成三角形的电动机。在起动时将定子绕组接成星形，起动完毕后再换接成三角形。这样，在起动时就把定子每相绕组上的电压降到正常工作电压的 $1/\sqrt{3}$。

利用 Y-△起动，电流下降了原来的 1/3，电磁转矩也减小了 1/3。

这种起动方法确实使电动机的起动电流减小了，但起动转矩也下降了。因此，这种起动方法是以牺牲起动转矩来减小起动电流的，只适用于允许轻载或空载起动的场合。

b. 自耦降压起动：图 2-35 为自耦变压器的降压起动控制线路图，自耦降压起动方法就是利用三相自耦变压器降低加到电动机定子绕组的电压，以减小起动电流的起动方法。采用自耦变压器降压起动时，自耦变压器的一次侧（高压边）接电网，二次侧（低压边）接到电动机的定子绕组上，待其转速基

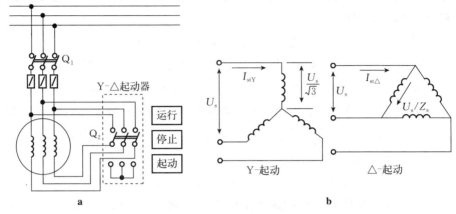

图 2-34 Y-△起动控制接线原理

a. 接线　b. 原理

本稳定时，再把电动机直接接到电网上，同时将自耦变压器从电网上切除。

利用自耦变压器后，电动机端电压降到（N_2/N_1）U_1，从电网上吸取的电流 I_1 降低为全电压起动电流 I_{st} 的（N_2/N_1）^{2}，起动转矩也降到（N_2/N_1）$^2 T_{st}$（T_{st} 为全电压 U_1 时的起动转矩），即起动转矩与起动电流降低同样的比例。

自耦变压器体积大，而且成本高，所以这种起动方法适用于容量较大或正常运行绕组接法为 Y 形，不能采用 Y-△方法起动的三相异步电动机。

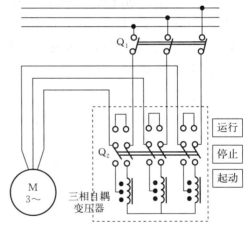

图 2-35 自耦变压器的降压起动控制线路

起动用的自耦变压器又叫做起动补偿器，通常每相有三个抽头，供用户选择不同等级的输出电压，分别为原输出电压的 55%、64%、73%，可以根据实际要求进行选择。

c. 转子串电阻降压起动：由于鼠笼式异步电动机的转子电阻是固定的，不能改变，所以鼠笼式电动机不能采用此种起动方法。绕线式异步电动机的转子从各相滑环处可外接变阻器，可以很方便地改变转子电阻来改善电动机的起动性能，所以绕线式电动机都采用此种起动方案。

图 2-36 为转子串电阻的起动控制线路图。起动时，将变阻器调到最大，电源开关闭合，转子串电阻开始起动运行。随着转速的上升，不断减小转子电阻，当转速稳定时，短接转子电阻，使电动机正常运行。

绕线式电动机还可以采用转子串频敏变阻器进行起动，这种起动方式不需切除频敏变阻器，因为频敏变阻器本身具有阻值随转子频率变化的特性。起动时，因转子感应电的频率最高，所以频

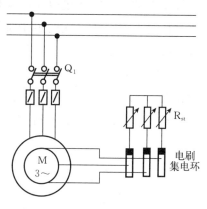

图 2-36 转子串电阻起动控制线路

敏变阻器的电阻最大；随转速上升，转子频率下降，频敏变阻器的阻值也下降；电动机正常运行时，转子频率非常低，故频敏变阻器的阻值非常小，不会影响电动机的正常运行。

2. 三相异步电动机的调速

调速是指在同一负载下人为改变电动机的转速。由前面所学可知，电动机的转速为：

$$n=（1-s）n_1=（1-s）\frac{60f_1}{p} \tag{2-20}$$

因此，要改变电动机的转速，有三种方式：变频调速、变极调速和变转差率调速。

（1）**变频调速** 变频调速是指通过改变电源的频率从而改变电机转速。它采用一套专用的变频器来改变电源的频率以实现变频调速。变频器本身价格较贵，但它可以在较大范围内实现较平滑的无级调速，且具有硬的机械特性，是一种较理想的调速方法。近年来，随着电力电子技术的发展，交流电动机采用这种方式进行调速越来越普遍。

（2）**变极调速** 变极调速是指通过改变异步电动机定子绕组的接线以改变电动机的极对数从而实现调速的方法。由式（2-20）可知，改变电动机的磁极对数，可以改变电动机的转速。但由电动机的工作原理可知，电动机的磁极对数总是成倍改变，所以电动机的转速也就成倍变化，无法实现无级调速。鼠笼式异步电动机转子的极数能自动与定子绕组的极数相适应，所以一般鼠笼式异步电动机采用这种方法调速。

异步电动机可以通过改变电动机的定子绕组接法来实现变极调速，也可以通过在定子上安装不同的定子绕组来实现调速，这种能改变定子磁极对数的电动机又称为多速电动机。图 2-37 所示为一个 4/2 极双速电机的定子绕组接法及对应的单相磁场分布示意图。电动机每相有两个线圈，如果把两两线圈并联起来，接成双 Y 形，则合成磁场为一对磁极。如果将两两线圈串联起来，接成△形，则合成磁场为两对磁极。这两种接法下电动机的同步转速差一倍。

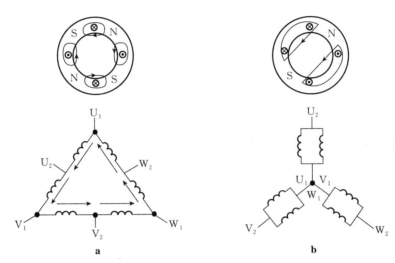

图 2-37　变极调速

a. △形接法　b. 双 Y 形接法

变极调速方式转速的平滑性差，但它经济、简单，且机械特性硬，稳定性好，所以许多生产机械一般采用这种方法和机械调速协调进行调速。

（3）**变转差率调速**　在绕线式异步电动机中，可以通过改变转子电阻来改变转差率，从而改变电动机的速度。如图 2-38 所示，设负载转矩 T_L 不变，转子电阻 R_2 增大，电动机的转差率 s 增大，转速下降，工作点下移，机械特性变软。当平滑调节转子电阻时，可以实现无级调速，但调速范围较小，且要消耗电能，一般用于起重设备上。

3. 三相异步电动机的制动

电动机的制动方法可以分为两大类：机械制动和电气制动。机械制动一般利用电磁抱闸

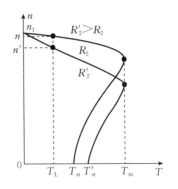

图 2-38　变转差率调速

的方法来实现；电气制动一般有能耗制动、反接制动和回馈制动（再生发电制动）三种方法。

（1）能耗制动　图 2-39 所示为能耗制动原理接线图。当电动机电源的双投开关断开交流电源并向下投时，电动机接至直流电源上，直流电流通入定子绕组产生恒定不动的磁场，而转子导体因惯性转动切割磁力线产生感应电流，并产生制动转矩。制动转矩的大小与直流电流的大小有关，制动时应用的直流电流一般为电动机额定电流的 0.5～1 倍。

制动过程中，电动机的动能全部转化成电能消耗在转子回路中，会引起电动机发热，所以一般需要在制动回路串联一个大电阻，以减小制动电流。

这种制动方法的特点是制动平稳，冲击小，耗能小，但需要直流电源，且制动时间较长，一般多用于起重提升设备及机床等生产机械中。

（2）反接制动　反接制动是指制动时，改变定子绕组任意两相的相序，使得电动机的旋转磁场换向，反向磁场与原来惯性旋转的转子之间相互作用，产生一个与转子转向相反的电磁转矩，迫使电动机的转速迅速下降，当转速接近零时，切断电机的电源，如图 2-40 所示。显然反接制动比能耗制动所用的时间要短。反接制动时，电动机的转差率 $s>1$。

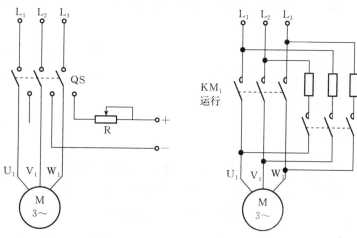

图 2-39　能耗制动原理接线　　　　图 2-40　反接制动接线控制

反接制动的优点是制动时间短，操作简单，但反接制动时，由于形成了反向磁场，当转速接近零时，应切断反接电源，否则，电动机会反方向起动。同时转子的相对转速远大于同步转速，转差率大大增大，转子绕组中的感应电流很大，能耗也较大。为限制电流，一般在制动回路中串入大电阻。

另外，反接制动时，制动转矩较大，会对生产机械造成一定的机械冲击，影响加工精度，通常用于一些频繁正反转且功率小于 10 kW 的小型生产机械中。

（3）回馈制动　又叫再生发电制动。回馈发电制动是指电动机转向不变的情况下，由于某种原因，使得电动机的转速大于同步转速，比如在起重机下放重物、电动机车下坡时，都会出现这种情况，这时重物拖动转子，转速大于同步转速，转子相对于旋转磁场改变运动方向，转子感应电动势及转子电流也反向，于是转子受到制动力矩，使得重物匀速下降。此过程中电动机将势能转换为电能回馈给电网，所以称为回馈制动。回馈制动时，电动机的转差率 $s<0$。

第四节　控制电机

控制电机主要用于自动控制系统中作为执行、检测和解算元件。其任务是转换和传递控制信号，要求有较高的控制性能。它要求高精度、高灵敏度、高稳定可靠性，体积小重量轻，耗电少等。一般来说，控制电机功率比较小，在几百瓦以下。本节将介绍几种常用的控制电机及其在船舶上的应用。

控制电机在自动控制系统中应用非常广泛，在船舶自动控制系统中也得到了广泛应用。例如，船舶雷达的自动定位、方向舵的自动操纵与监测、传令用电车钟、调速装置等都要使用控制电机。

一、伺服电动机

伺服电动机（又叫执行电动机），它将输入的电压信号转变为转轴的角位移或角速度输出，改变输入信号的大小和极性可以改变伺服电动机的转速与转向，故输入的电压信号又称为控制信号或控制电压。

根据使用电源的不同，伺服电动机分为直流伺服电动机和交流伺服电动机两大类。直流伺服电动机输出功率较大，功率范围为 $1\sim600$ W，有的甚至可达上千瓦；而交流伺服电动机输出功率较小，功率范围一般为 $0.1\sim100$ W。

特点：当有电信号（交流控制电压或直流控制电压）输入到伺服电动机的控制绕组时，它就马上拖动被控制的对象旋转；当电信号消失时，它就立即停止转动。

1. 直流伺服电动机

直流伺服电动机实际上就是他励直流电动机，只不过直流伺服电动机输出功率较小而已，且电枢电阻大，机械特性软。

把控制信号加到电枢绕组上，通过改变控制信号的大小和极性来控制转子转速的大小和方向，这种方式叫电枢控制；电枢电压增加转速增大，电枢电压减小转速降低；若电枢电压为0，则电动机停转；当电枢电压极性改变，电动机的转向也随之改变。该方法具有机械特性和控制特性线性度好、特性曲线为一组平行线、空载损耗较小、控制回路电感小、响应速度快等优点，所以自动控制系统中较多采用。

把控制信号加到励磁绕组上进行控制，这种方式叫磁场控制。该方法在低速时受磁饱和的限制，在高速时受换向火花和换向结构强度的限制，且励磁线圈电感较大，动态响应较差，因此这种方法只用于小功率电动机，应用较少。

2. 交流伺服电动机

交流伺服电动机就是两相异步电动机。所以，常把交流伺服电动机称为两相异步伺服电动机。它的定子上装有两个绕组，一个是励磁绕组，接固定的交流电源；另一个是控制绕组，是接受控制信号的。它们在空间上相隔90°。如图2-41所示。

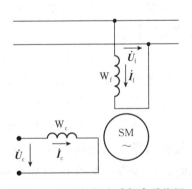

图2-41　交流伺服电动机定子绕组

交流伺服电动机的转子分两种：鼠笼转子和空心杯形转子。鼠笼转子和三相鼠笼式电动机的转子结构相似，只是为了减小转动惯量而做得细长一些。为了减少转动惯量，杯形转子通常是用铝合金或铜合金制成的空心薄壁圆筒（可看成无数导条组成的鼠笼转子）。此外，为了减小磁路的磁阻，在空心杯形转子内放置固定的内定子。

一般情况下，异步伺服电动机的励磁绕组电压保持不变，通过改变控制绕组电压的幅值或相位，就可以改变正向旋转磁场与反向旋转磁场之间的大小关系，以及正向电磁转矩和反向电磁转矩之间的比值，从而达到改变合成电磁转矩及转速的目的。这样，异步伺服电动机就有三种具体的控制方式：① 幅值控制，即仅改变控制电压的幅值。② 相位控制，即仅改变控制电压的相位。③ 幅-相控制，同时改变控制电压的幅值和相位。

幅值控制方式简单易行，且控制效果较好。控制方式示意图如图 2-42 所示。

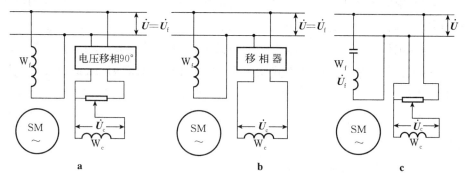

图 2-42　交流伺服电动机控制方式
a. 幅值控制　　b. 相位控制　　c. 幅-相控制

二、测速发电机

测速发电机是一种把机械上的旋转角速度转变成电信号的发电机。它可看成是伺服电动机的逆运行状态。它的输出电压是转速的线性函数。测速发电机广泛用于自动控制，在反馈系统中常用来稳定转速。

测速发电机有直流测速发电机和交流测速发电机两种类型。

交流测速发电机的结构和交流伺服电动机相同，其转子有鼠笼式和空心杯转子两种类型，但鼠笼转子特性差，目前大多数采用空心杯形转子。定子上放置两套空间相差 90°的绕组，一个是励磁绕组，另一个是输出绕组，工作时，励磁绕组接在恒定的交流电源上（无需串联电容），产生脉动磁场。当转子由某种设备拖动旋转时，输出绕组将有感应电压输出，感应电压与转子转速成线性正比例关系。

直流测速发电机分永磁式和他励式两种。永磁式直流测速发电机不需另加励磁电源，也不存在因励磁绕组温度变化而引起的特性变化，因此多被采用。他励式直流测速发电机的结构和直流伺服电动机是一样的。

船舶上常用测速发电机（直流或交流）、转速指示仪和接线箱等组成远距离转速测量和监视系统。以船舶主机的转速测量为例，测速发电机的转子通过联轴器、齿轮或链轮链条与主机凸轮轴或尾轴连接。几个并联的转速指示表分别安装在机舱、集控室、驾驶室和轮机长室。转速表内设有调节电阻，以适配不同距离的应用场合之需。

三、自整角机

在同步传动系统（即转角随动系统）中，为了实现两个或两个以上相距很远而在机械上又互不联系的转轴进行同步角位移或同步旋转，常采用电气上互相联系，并具有自动整步能力的电机来实现转角的自动指示或同步传递，这种电机称为自整角机。

在自整角构成的同步传动系统中，自整角机至少是两个或两个以上组合使用。其中一个自整角机与主动轴相连称为发送机，另一个与从动系统相连称为接收机。通常发送机和接收机的型号和结构完全相同。

自整角机按其在同步传动系统使用要求的不同分为力矩式自整角机和控制式自整角机。自整角机又分单相和三相两种。

1. 力矩式自整角机

力矩式自整角机的主要功能是传递角度。其接线图如图 2-43 所示。两台自整角机的结构完全一样。转子单相绕组接到同一个交流电源上。定子三相绕组接成星形，两边的三相绕组用三根导线对应地连接起来。其中一台称为发送机，另一台称为接收机。

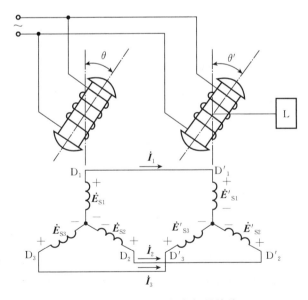

图 2-43　力矩式自整角机的接线

在这样的自整角机同步转递系统中，当发送机的转子转过某一角度时，接收机将自动跟随转过相同的角度。

在实际应用中，常会遇到一台发送机同时带动几台接收机并联运行，如船舶上的舵角指示器等。由于力矩式自整角机的输出转矩一般很小，通常只能带动指针类型的负载。因此为了提高自整角系统的负载能力和精确度，常采用另一种自整角系统，这种系统采用控制式自整角机。

2. 控制式自整角机

控制式自整角机又称为变压器式自整角机，其接线图如图 2-44 所示。发送机的转子绕组作为励磁绕组接在固定交流电源上。接收机的转子绕组则作为输出绕组，其输出电压 U_2 由定子磁通感应产生。

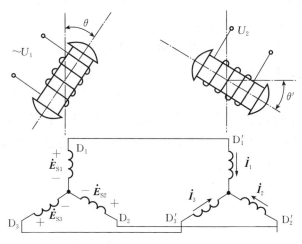

图 2-44　控制式自整角机接线

自整角机被广泛地应用在各种自动控制系统中。尤其是在遥远指示装置和随动系统中，如船舶上的舵角指示器、电车钟和驾驶室的电罗经指示器及雷达等设备都属于这种应用。图 2-45 是舵角指示装置示意图，舵角发送器就是自整角发送机，它跟随舵一起转动。舵角指示器就是力矩式自整角接收机，根据需要可有几个，可以分别安装在舵机房、驾驶台、机舱等多处。当驾驶台操纵舵偏转某一角度时，舵角发送器随舵一起偏转，由于同步跟随作用，接收机转子便带动指针转过同一角度，因而在舵角指示器上就指示出舵的实际偏转角度。

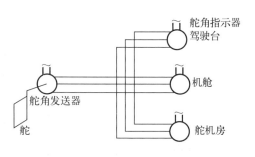

图 2-45　舵角指示装置

第五节　船舶常用控制电器

船舶上常用的控制电器一般指低压控制电器，下面介绍继电-接触器控制系统中最常用的几种低压电器。

一、主令电器

主令电器是切换控制线路的单极或多极电器，其触头容量小，不能切换主电路。主令电器主要包括按钮、万能转换开关、行程开关、主令控制器等。

1. 组合开关

组合开关又称转换开关，是手动控制电器。它是一种凸轮式的做旋转运动的刀开关，也是一种多路多级并可以控制多个电气回路通断的主令开关。手柄每次旋转90°，带动3个动触片分别与3个静触片接通或断开。

组合开关主要用于电源引入或5.5 kW以下电动机的直接起动、停止正反转等场合。按极数不同，组合开关有单极、双极、三极和多极结构，常用的为HG10系列组合开关。HG10系列组合开关的结构及图形符号如图2-46所示。

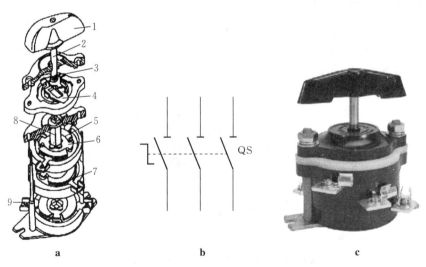

图 2-46　HZ10 系列组合开关结构

a. 结构　b. 电气符号　c. 实物

1. 手柄　2. 转轴　3. 弹簧　4. 凸轮　5. 绝缘垫板

6. 动触点　7. 静触点　8. 绝缘方轴　9. 接线柱

2. 按钮

按钮也是一种简单的手动开关，通常用于接通或断开电流较小的控制电路，以控制电流较大的电动机或其他电气设备的运行。

按钮的结构和图形符号如图 2-47 所示，它由按钮帽、动触点、静触点和复位弹簧等构成。将按钮帽按下时，下面一对原来断开的静触点被桥式动触点接通，以接通某一控制电路；而上面一对原来接通的静触点则被断开，以断开另一控制回路。手指放开后，在弹簧的作用下触点立即恢复原态。

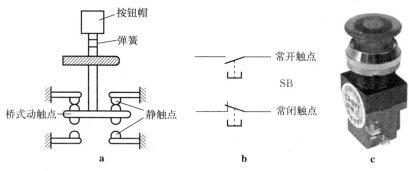

图 2-47　按钮结构及其电气符号

a. 结构　b. 电气符号　c. 实物

3. 行程开关

行程开关又称限位开关，是一种利用生产机械某些运动部件的碰撞来发出控制指令的自动电器，用于控制生产机械的运动方向、行程大小或位置保护等。图 2-48 为行程开关的外形图和电气符号。

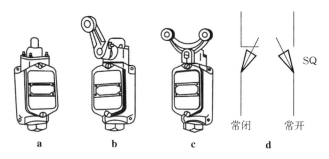

图 2-48　行程开关的外形图和电气符号

a. 按钮式　b. 单轮旋转式　c. 双轮旋转式　d. 电气符号

4. 主令控制器

主令控制器是一种多位置多回路的控制开关，适合于频繁操作并要求有多种控制状态的场合，如起货机、锚机和绞缆机的控制等。如图 2-49 所示。

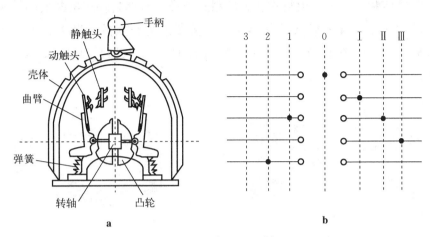

图 2-49　主令控制器

a. 结构　b. 电路符号

二、熔断器

熔断器是一种最简单有效的保护电器。主要用作短路保护。熔断器主要由熔体（俗称保险丝）和安装熔体的熔管（或熔座）两部分组成。熔断器可分为螺旋式熔断器、管式熔断器等。

1. 螺旋式熔断器

螺旋式熔断器的外形和结构如图 2-50 所示。在熔断管内装有熔丝，熔断管口有色标，以显示熔断信号。

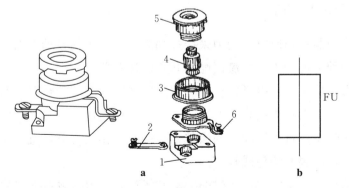

图 2-50　螺旋式熔断器

a. 结构　b. 电气符号

1. 磁座　2. 下接线座　3. 磁套　4. 熔断管　5. 磁帽　6. 上接线座

2. 管式熔断器

管式熔断器分为有填料式和无填料式两类。有填料管式熔断器的结构如图 2-51 所示。有填料管式熔断器是一种分断能力较大的熔断器，主要用于要求分断较大电流的场合。常用的型号有 RT12、RT14、RT15、RT17 等系列。

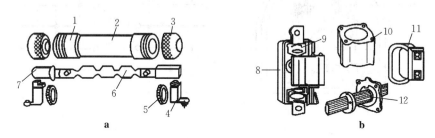

图 2-51　管式熔断器

a. 无填料封闭管式熔断器　b. 有填料封闭管式熔断器

1. 铜圈　2. 熔断管　3. 管帽　4. 插座　5. 特殊垫圈　6、12. 熔体

7. 熔片　8. 瓷底座　9. 弹簧片　10. 管体　11. 绝缘手柄

3. 熔断器的选用

（1）电灯支路　熔体额定电流≥支路上所有电灯的工作电流之和。

（2）单台直接起动电动机　熔体额定电流＝(1.5～2.5)×电动机额定电流。

（3）配电变压器低压侧　熔体额定电流＝(1～1.2)×变压器低压侧额定电流。

三、交流接触器

交流接触器是利用电磁吸力来接通和断开电动机的自动电器。接触器按控制电流的种类可分为：交流接触器和直流接触器。

交、直流接触器在电磁机构上有很大的区别，交流接触器的铁心和衔铁由硅钢片叠成，而直流接触器的铁心和衔铁可用整块钢。交流接触器的吸引线圈匝数比较少，且采用较粗的漆包铜线绕制。相比之下，直流接触器的线圈匝数较多，绕制的漆包线较细。

为了消除交流接触器工作时的振动和噪声，交流接触器的电磁铁心上必须装有短路环。

图 2-52 是交流接触器的主要结构及图形符号。交流接触器主要由电磁

铁和触点两部分组成，当电磁铁线圈通电后，吸住动铁心（也称衔铁），使常开触点闭合，因而把主电路接通。电磁铁线圈断电后，靠弹簧反作用力使动铁心释放，切断主电路。

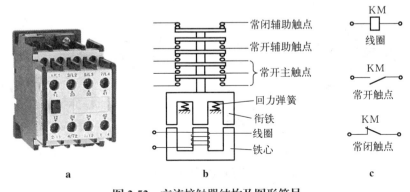

图 2-52　交流接触器结构及图形符号

a. 外形　　b. 结构　　c. 电气符号

交流接触器的触点分为两类，一类接在电动机的主电路中，通过的电流较大，称作主触点；另一类接在控制电路中，通过的电流较小，称为辅助触点。

在选用接触器时，应注意它的额定电流、线圈电压及触点数量等。接触器的额定电压是指吸引线圈的额定电压，额定电流是指主触点的额定电流。

四、继电器

继电器是根据电量（如电流、电压）或非电量（如时间、温度、压力、转速等）的变化来接通或断开电路，以实现对电路的控制和保护作用的自动切换电器，常用于信号传递和多个电路的扩展控制。其结构和动作原理与电磁式接触器相似，与接触器不同的地方是继电器无主、辅触头之分，动作灵敏。它也有交流和直流之分。

继电器一般不直接控制主电路，而反映的是控制信号。继电器的种类很多，根据用途可分为控制继电器和保护继电器；根据反映的不同信号可分为电压继电器、电流继电器、中间继电器、时间继电器、热继电器、速度继电器、温度继电器和压力继电器等。下面介绍其中的几种。

1. 热继电器

热继电器用于电动机的过载保护，它是利用电流热效应使双金属片受热后弯曲，通过联动机构使触点动作的自动电器。图 2-53 是热继电器的结构及图形符号。

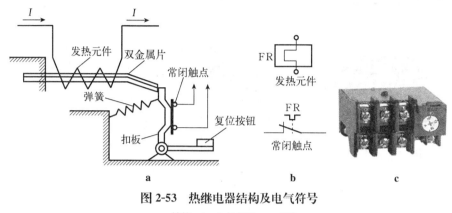

图 2-53　热继电器结构及电气符号

a. 结构　b. 电气符号　c. 实物

它由发热元件、双金属片、触点及一套传动和调整机构组成。发热元件是一段阻值不大的电阻丝，串接在被保护电动机的主电路中。双金属片由两种不同热膨胀系数的金属片压制而成。图中所示的双金属片，下层一片的热膨胀系数大，上层一片的热膨胀系数小。当电动机过载时，通过发热元件的电流超过整定电流，双金属片受热向上弯曲脱离扣板，使常闭触点断开。由于常闭触点是接在电动机的控制电路中的，它的断开会使得与其相接的接触器线圈断电，从而接触器主触点断开，电动机的主电路断电，实现了过载保护。

热继电器动作后，双金属片经过一段时间冷却，按下复位按钮即可复位。热继电器的主要技术数据是整定电流。整定电流是指长期通过发热元件而不致使热继电器动作的最大电流。当发热元件中通过的电流超过整定电流值的 20% 时，热继电器应在 20 min 内动作。热继电器的整定电流大小可通过整定电流旋钮来改变。选用和整定热继电器时一定要使整定电流值与电动机的额定电流一致。

2. 时间继电器

在生产中，经常需要按一定的时间间隔来对生产机械进行控制。例如，电动机的降压起动需要一定的时间，然后才能加上额定电压。这类自动控制称为时间控制。时间控制通常是利用时间继电器来实现的。

时间继电器是一种利用电磁原理或机械动作原理实现触头延时接通或断开的自动控制电器，在电路中控制动作时间。其种类很多，常用的有电磁式、空气阻尼式、电动式和晶体管式等。有通电延时和断电延时两种类型，这里仅介绍通电延时型的空气阻尼式时间继电器。

空气阻尼式时间继电器是利用空气阻尼原理获得延时的，它由电磁机构、延时机构、触头三部分组成，其外形、结构及符号如图 2-54 所示。

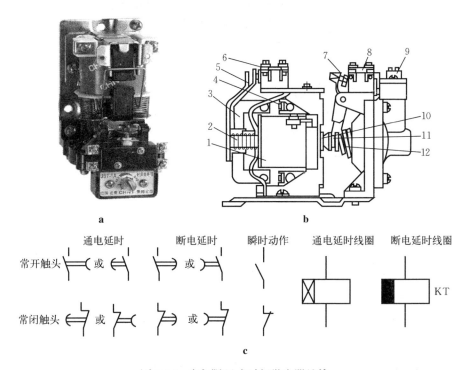

图 2-54　空气阻尼式时间继电器结构

a. 外形　　b. 结构　　c. 电气符号

1. 线圈　2. 反力弹簧　3. 衔铁　4. 铁心　5. 弹簧片　6. 瞬时触点　7. 杠杆

8. 延时触点　9. 调节螺丝　10. 推板　11. 推杆　12. 宝塔弹簧

图 2-55 是通电延时的空气阻尼式时间继电器的内部结构和示意图。线圈 1 通电后，吸下动铁心 2，活塞 3 因失去支撑，在释放弹簧 4 的作用下开始下降，带动伞形活塞 5 和固定在其上的橡皮膜 6 一起下移，在膜上面造成空气稀薄的空间，活塞由于受到下面空气的压力，只能缓慢下降。经过一定时间后，杠杆 8 才能碰触微动开关 9，使常闭触点断开，常开触点闭合。可见，从电磁线圈通电开始到触点动作为止，中间经过一定的延时，这就是时间继电器的延时作用。延时长短可以通过螺钉 10 调节进气孔的大小来改变。空气阻尼式时间继电器的延时范围较大，可达 0.4～180 s。

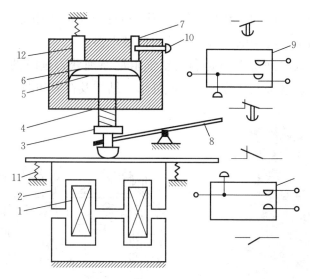

图 2-55　通电延时的空气阻尼式时间继电器
1. 线圈　2. 衔铁　3. 活塞杆　4. 弹簧　5. 伞形活塞　6. 橡皮膜　7. 进气孔
8. 杠杆　9. 微动开关　10. 螺钉　11. 恢复弹簧　12. 出气孔

当电磁线圈断电后，活塞在恢复弹簧 11 的作用下迅速复位，气室内的空气经由出气孔 12 及时排出。因此，断电不延时。

3. 速度继电器

速度继电器主要用作笼式异步电动机的反接制动控制，所以也称反接制动继电器。

它主要由转子、定子和触头三部分组成。转子是一个圆柱形永久磁铁，定子是一个笼形空心圆环，由硅钢片叠成，并装有笼形绕组。图 2-56 为速度继电器外形和结构示意图。

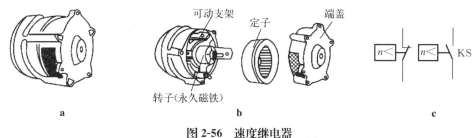

图 2-56　速度继电器
a. 外形　b. 结构　c. 电气符号

速度继电器工作原理：速度继电器转子的轴与被控电动机的轴相连接，而定子空套在转子上。当电动机转动时，速度继电器的转子随之转动，定子内的短路导体便切割磁场，产生感应电动势，从而产生电流。此电流与旋转的转子磁场作用产生转矩，于是定子开始转动。当转到一定角度时，装在定子轴上的摆锤推动簧片动作，使常闭触头分断，常开触头闭合。当电动机转速低于某一值时，定子产生的转矩减小，触头在弹簧作用下复位。

4. 电压继电器

其线圈匝数多、线径细，线圈与被监测的电压电路并联。其触头接在需要获得被监测电压信号的电路中。根据高于或低于被监测电压的整定值动作，利用触点开闭状态的变化传递被监测电压发生变化的信息，以实现根据电压变化进行的控制或保护。

5. 电流继电器

其线圈匝数少、线径粗，线圈与被监测的电流电路相串联。根据电流的变化而动作，利用触头开闭状态的变化传递电流变化的信息，以实现根据电流变化进行的控制或保护。

五、电磁制动器

电动机的机械制动是采用电磁制动器来实现的，常见的有圆盘式和抱闸式两种。

1. 圆盘式电磁制动器

圆盘式电磁制动器如图 2-57 所示，当电动机运转时，电磁刹车线圈通电产生吸力，将静摩擦片（即电磁铁的衔铁）吸住，而与动摩擦片脱开，使电动机可自由旋转。停车时，刹车线圈失电，静摩擦片被反作用弹簧紧压到安装在电动机轴上的动摩擦片上，产生摩擦力矩，迫使电动机停转。

2. 抱闸式电磁制动器

抱闸式电磁制动器又叫电磁抱闸，其制动原理与圆盘式电磁制动器相仿。它由制动电磁铁和制动闸瓦制成。当制动电磁铁线圈通电时，

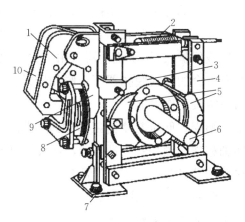

图 2-57　圆盘式电磁制动器的
结构及外形

1. 铁心　2. 弹簧　3. 闸轮　4. 杠杆
5. 闸瓦　6. 轴　7. 机座　8. 固定螺栓
9. 线圈　10. 衔铁

产生吸力，使抱闸闸瓦松开，电动机便能自由转动；当线圈断电时，闸瓦在弹簧力作用下，将电动机闸轮刹住，使电动机迅速停转。

3. 电磁制动器的参数整定

调整制动器外壳上的螺栓，可改变反作用弹簧制动力矩，但必须注意所有螺栓要均匀调节，否则会造成摩擦片倾斜、气隙不均匀，出现噪声和振动。

圆盘式电磁制动器工作时静、动摩擦片之间的间隙通常在 $2\sim6\,\text{mm}$，间隙过小，容易造成松闸时静、动摩擦片之间的擦碰；间隙过大，则在制动时产生较大机械碰撞。

六、自动空气开关

自动空气开关又称低压断路器、自动空气断路器或自动开关，它是一种半自动开关电器。当电路发生严重过载、短路以及失压等故障时，低压断路器能自动切断故障电路，有效保护串接在它后面的电气设备。在正常情况下，低压断路器也可用于不频繁接通和断开的电路及控制电动机。

低压断路器按其用途和结构特点可分为框架式低压断路器、塑壳式低压断路器和限流式低压断路器等。下面主要介绍塑壳式低压断路器。

塑料外壳式低压断路器外形如图 2-58 所示，它主要由触头系统、灭弧装置、自动与手动操作机构、外壳、脱扣器等部分组成。根据功能的不同，低压断路器所装脱扣器主要有电磁脱扣器（用于短路保护）、热脱扣器（用于过载保护）、失压脱扣器（用于失压保护）、过励脱扣器以及由电磁和热脱扣器组合的复式脱扣器等。脱扣器是低压断路器的重要部分，保护参数可人为整定其动作电流。

塑壳式低压断路器工作原理如图 2-59 所示。其中，触头 2 合闸时，与转轴相连的锁扣扣住跳扣 2，使弹簧 1 受力而处于储能状态。正常工作时，热脱扣器的发热元件 10 温升不高，不会使双金属片弯曲到顶动 6 的程度；电磁脱扣器 13 的线圈磁力不大，不能吸住 12 去拨动 6，开关处于正常供电状态。如果主电路发生过载或短路，电流超过热脱扣器或电磁脱扣器动作电流时，双金属片 11 或衔铁 12 将拨动连杆 6，使跳扣 2 被顶离锁扣 3，弹簧 1 的拉力使触头 2 分离切断主电路。当电压失压和低于动作值时，线圈 9 的磁力减弱，衔铁 8 受弹簧 7 拉力向上移动，顶起 6 使跳扣 2 与锁扣 3 分开切断回路，起到失压保护作用。

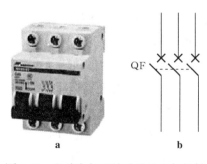

图 2-58　自动空气开关外形及电气符号

a. 外形　b. 电气符号

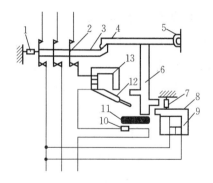

图 2-59　塑壳式低压断路器工作原理

1、7. 弹簧　2. 触头　3. 锁扣　4. 跳扣

5. 转轴　6. 连杆　8、12. 衔铁

9. 线圈　10. 发热元件

11. 双金属片　13. 电磁脱扣器

第六节　异步电动机基本控制线路

一、电动机的基本保护环节

在电力拖动系统中，不仅应保证设备在正常工作条件下安全运行，而且还应考虑到在异常情况下保证设备和人身的安全。为此，必须在系统中设置必要的保护环节。

最常见的电气保护环节有短路保护，过载保护，欠压、失压保护及缺相保护。

1. 短路保护

电流不经负载而直接形成回路称短路。

常用的短路保护电器：在电路中装设自动空气断路器（又称自动空气开关）、熔断器（俗称保险丝）等。

熔断器串联在电源和用电设备之间，当流过的电流超过其允许值时，熔体自动熔断，从而切断故障电路。

2. 过载保护

当电流超过电气设备额定值时称过载，短时过载并不一定会立即损坏电气设备，但长时间的或严重的过载是不允许的。

常用的过载保护电器：热继电器、过电流继电器、自动空气开关。

过载保护的原理是：当被保护电器出现长时间过载或超强度过载时，利用过载时出现的热效应、电磁效应等使过载保护电器动作，使被保护设备脱离电源。

3. 失压（零压）保护

失压保护是指电动机工作时，低于额定电压引起电流增加甚至使电动机停转的一种保护；零压保护是指电源电压消失而使电动机停转的一种保护。当电源电压恢复正常时，如不重新按下起动按钮，电动机就不会自动转动，避免事故发生。失压（零压）保护是依据接触器本身的电磁机构和起动按钮来实现的。

常用的失压和欠压保护电器：接触器、继电器。

失压（零压）保护的原理是：当电源电压过分降低（欠压）时，电动机为了维护电磁转矩满足负载转矩的需要，其电流必将增加，使电动机可能过载甚至烧毁。而此时由于电源电压过分降低，接触器反力弹簧的作用力大于电磁吸力时衔铁将释放，主触头断开，使电动机脱离电源，实现欠压保护。

4. 缺相保护

三相交流异步电动机运行时，任一相断线（或失电），会造成单相运行，此时电动机为了得到同样的电磁转矩，定子电流将大大超过其额定电流，导致电机发热烧坏，缺相运行的电机，还伴随着剧烈的电振动和机械振动。

常用的缺相保护电器：热继电器、过电流继电器和自动空气开关。

一般热继电器的发热元件串接在三相主电路的任意两相之中，在任一相发生断路（缺相）故障时，必然导致另两相电流的大幅度增加。所以热继电器也能实现缺相保护。

二、点动控制电路

所谓点动控制，是指按下起动按钮时电动机动作，放开起动按钮时，电动机即停止工作。在进行试车和调整时常要求点动控制。譬如甲板舷梯起落设备、主机盘车机等。

图 2-60 所示为点动控制电路图，它由组合开关 QS、熔断器 FU、按钮 SB、接触器 KM 和电动机 M 组成。当电动机需要点动时，先合上 QS，再按下 SB，使接触器 KM 的吸引线圈通电，铁心吸合，于是接触器的三对主触头闭合，电动机与电源接通而运转。松开 SB 后，接触器 KM 的线圈失电，动铁心在弹簧力作用下释放复位，主触头 KM 断开，于是电动机就停转。

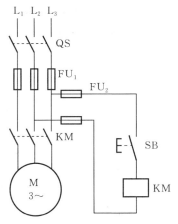

图 2-60　点动控制电路

三、长动控制电路

大多数电动机需要连续运转，如水泵、通风机等。为了使电动机在按下起动按钮按过以后能保持连续运转，只需在点动控制的基础上，将接触器 KM 的一对常开辅触头 KM 与起动按钮 SB$_2$ 的触头并联，即成为"连续"控制，辅触头 KM 被称为"自锁"（或"自保"）触头。如图 2-61 所示。

当按下起动按钮 SB$_2$ 以后，接触器线圈 KM 通电，其主触头 KM 闭合，电动机运转。同时辅助触头 KM 也闭合，它给线圈 KM 另外提供了一条通路，因此松开起动按钮后线圈保持通电，于是电动机便可连续运行。接触器用自己的常开辅助触头"锁住"自己的线圈电路，这

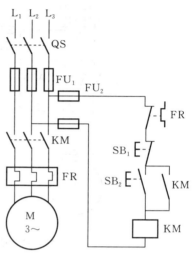

图 2-61 长动控制电路

种作用称为自锁，此时该触头称为自锁触头。这时的按钮 SB$_2$ 已不再起点动作用，故改称它为起动按钮。另外，电路中还串接了一个停止按钮 SB$_1$，当需要电动机停转时，按下 SB$_1$ 使常闭触头断开，线圈 KM 失电，主触头和自锁触头同时断开，电动机便停转。

四、正、反转控制电路

生产上有许多设备需要正、反两个方向的运动。我们知道，为了实现三相异步电动机的正、反转，只要将接到电源的三根连线中的任意两根对调即可。因此，可利用两个接触器和三个按钮组成正、反转控制电路。

常用的正、反转控制电路都具有连锁功能。具有连锁功能的控制电路如图 2-62 所示。

当按下 SB$_2$，KM$_2$ 通电时，KM$_2$ 的辅助常闭触点断开，这时，如果按下 SB$_3$，KM$_1$ 的线圈也不会通电，这就保证了电路的安全。这种将一个接触器的辅助常闭触点串联在另一个线圈的电路中，使两个接触器相互制约的控制，称为互锁控制或连锁控制。利用接触器（或继电器）的辅助常闭触点的连锁，称电气连锁（或接触器连锁）。

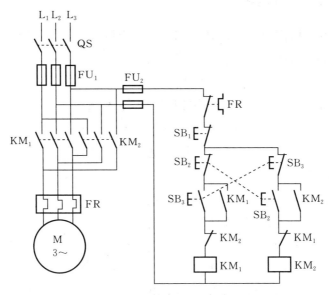

图 2-62　具有双重连锁的控制电路

在正、反转控制电路中，除采用电气连锁外，还可采用机械连锁。如图 2-62 中的 SB_2 和 SB_3 的常闭按钮串联在对方的电路中。这种利用按钮的常开、常闭触点，在电路中互相牵制的接法，称为机械连锁（按钮连锁）。

具有电气、机械双重连锁的控制电路是电路中常见的，也是最可靠的正、反转控制电路。它能实现由正转直接切换到反转，或由反转直接切换到正转的控制。

五、行程控制电路

某些生产机械对运动部件的行程范围有一定限制，如船舶舵机的左右舵角偏转必须限制在 35°以内，这类自动控制称为行程控制或限位控制。行程控制通常是利用行程开关来实现的。

行程控制的电路如图 2-63 所示。它是在双重互锁正、反转控制电路的基础上，增加了两个行程开关 SQ_1 和 SQ_2。行程控制电路的工作原理如下：按下正转按钮 SB_3，KM_1 通电，电动机正转，拖动工作台向左运行。当达到极限位置，挡铁 A 碰撞 SQ_1 时，使 SQ_1 的常闭触点断开，KM_1 线圈断电，电动机因断电自动停止，达到保护的目的。同理，按下反转按钮 SB_2，KM_2 通电，电动机反转，拖动工作台向右运行。到达极限位置，挡铁 B 碰

撞 SQ_2 时，使 SQ_2 的常闭触点断开，KM_2 线圈断电，电动机因断电自动停止。

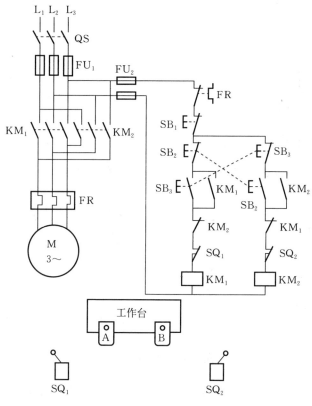

图 2-63　行程控制电路

此电路除短路、过载、失压、欠压保护外，还具有行程保护。

六、顺序控制电路

在生产机械中，往往有多台电动机，各电动机的作用不同，需要按一定的顺序进行动作，才能保证整个工作过程的合理性和可靠性，这种控制称为电动机的顺序控制。例如船舶主空压机正常工作时，需要冷却水进行冷却，所以要求冷却水泵先运行，冷却水压力建立后才能起动空压机。还有船舶甲板上的电动起货机中的主拖动电动机的起动，只有在为它冷却的风机电动机起动后它才能起动。这就是顺序起动连锁控制。

如图 2-64 所示，电路中有两台电动机 M_1 和 M_2，它们分别由接触器 KM_1 和 KM_2 控制。工作原理如下：当按下起动按钮 SB_2 时，KM_1 通电，

M_1 运转。同时，KM_1 的常开触点闭合，此时，再按下 SB_3，KM_2 线圈通电，M_2 运行。如果先按 SB_3，由于 KM_1 线圈未通电，其常开触点未闭合，KM_2 线圈不会通电。这样保证了必须 M_1 起动后 M_2 才能起动的控制要求。

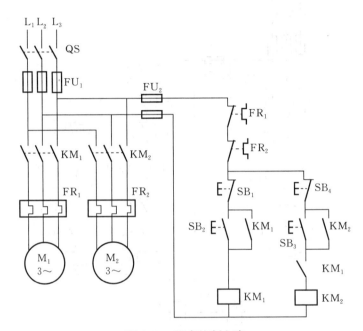

图 2-64　顺序控制电路

在图 2-64 所示电路中，采用熔断器和热断电器进行短路保护和过载保护，其中，两个热断电器的常闭触点串联，保证了如果有一台电动机出现过载故障，两台电动机都会停止。

七、时间控制电路（Y-△起动控制电路）

时间控制指按照时间顺序进行运行状态切换的控制电路，一般用时间继电器来控制动作时间的间隔。以鼠笼式异步电动机 Y-△换接起动控制为例来介绍时间控制。

Y-△换接起动的原理是把正常运行时应作△形连接的电动机在启动时接成 Y 形，以减少起动电流，待转速上升后再改接成△形，投入正常运行。这是一种最常用的降压起动方法。

图 2-65 为 Y-△减压起动常采用的控制线路，线路工作原理如下：合上总开关 QS，按 SB_2 起动按钮，KT、KM_3 通电吸合，KM_3 触点动作使 KM_1

也通电吸合并自锁，电动机 M 形成星形减压起动。随着电动机转速的提高，起动电流下降，这时时间继电器 KT 延时到，其延时常闭触头断开，因而 KM_3 断电释放，KM_2 通电吸合，电动机 M 接成三角形正常运行，这时时间继电器也断电释放。

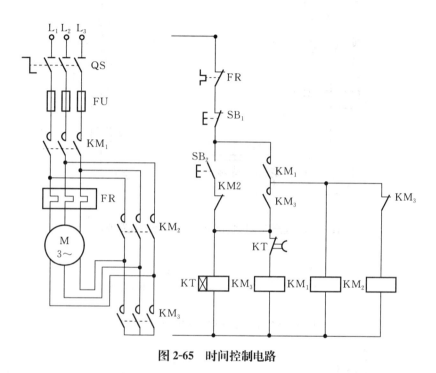

图 2-65　时间控制电路

Y-△减压起动投资少，线路简单，操作方便，但起动转矩较小。这种方法适用于空载或轻载。

八、制动控制电路

1. 机械制动

电动机的机械制动是采用电磁制动器来实现的。圆盘式电磁制动器控制电路如图 2-66 所示。当电磁抱闸线圈 YB 得电时，制动器闸瓦与闸轮分开，无制动作用；电源断电时，线圈 YB 失电，闸瓦紧紧抱住闸轮制动。

2. 能耗制动

如图 2-67 所示，起动时，按 SB_2，KM_1 通电，KM_2 断电，并自锁。制动时直流电流由接成桥式的整流电源供给。用断电延时的时间继电器 KT 的一个延时断开常开触点来控制时间，在制动时，线路的动作次序如下：

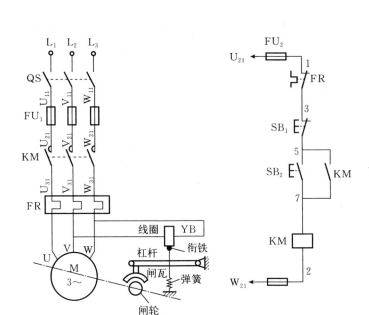

图 2-66　电磁抱闸制动器断电制动控制线路原理

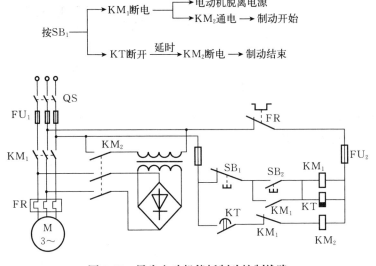

图 2-67　异步电动机能耗制动控制线路

能耗制动的时间继电器 KT 的延时触点延时时间不宜整定过长，否则容易使电动机线圈因加入制动的直流时间过长而过热，从而损坏电动机。

3. 反接制动

将旋转中的电动机电源反接，改变电动机定子绕组中的电源相序，从而使定子绕组中的旋转磁场改变方向，电动机转子因受到与原旋转方向相反的转动作用（制动力矩）而迅速停止转动，这种制动方法称为反接制动。如图2-68所示。

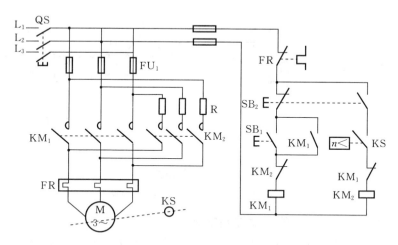

图 2-68　异步电动机反接制动控制线路

（1）启动过程　合上电源开关 QS，按下启动按钮 SB_1，电动机机正常运转，速度继电器 KV 的常开触点闭合，为反接制动作准备。

（2）制动过程　按下停止按钮 SB_2，继电器 KM_1 失电，电动机定子绕组脱离三相电源，在惯性作用下电动机仍做高速运转，速度继电器 KS 的常开触点仍保持闭合状态。当将按钮 SB_2 按到底，继电器 KM_2 得电，电动机定子绕组串入制动电阻 R，进入反接制动状态。电动机转速迅速下降，达到 100 r/min 左右时，速度继电器 KS 常开触点断开，继电器 KM_2 失电，电动机脱离电源，反接制动结束。

电动机反接制动时，旋转磁场与转子的相对速度很高，制动电流大。为防止绕组过热和减小制动的冲击作用，通常在反接制动时，三相电路每相应串入电阻 R 以限制反接制动电流。

九、双位控制电路

在许多无人管理的场合，常用到"双位"自动控制。例如，船舶辅锅炉的高低水位控制，船舶空气压缩机的自动起停控制等。图 2-69a 所示的是一种最简单的双位控制的单元电路。

在压力双位控制中，通常使用组合式压力开关，此种压力开关有两对触头，一对是高压触头（为动断触头），一对是低压触头（为动合触头）。使用时按图 2-69b 所示的线路连接，被控对象的高限对应于压力开关 SP 的高压触头的断开值，而其低限则对应于压力开关 SP 的低压触头的闭合值。

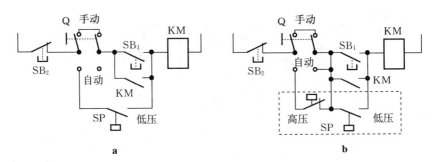

图 2-69　双位控制

a. 单元式双位控制　b. 组合式双位控制

1. 海（淡）水柜水位自动控制电路

图 2-70 所示是某压力水柜给水原理及水泵控制电路图，图中水柜为压力水柜，随着用水量的变化，水、气空间容积在变化，即液位高度和气压都在变化。

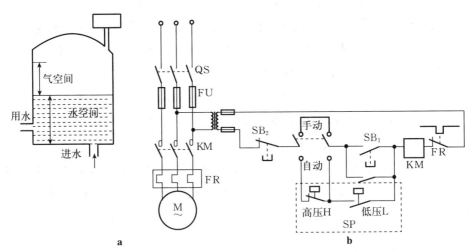

图 2-70　海（淡）水柜水位自动控制电路

a. 密封式压力水柜　b. 自动控制线路

水位上升，气的空间高度减小，气压增加，如果不考虑漏气损耗，气压大小显然是与水位高低成正比例的，高限水位 H 对应着高限压力，低限水位 L 对应着低限压力。

2. 电极式水箱水位高度自动控制

机舱很多设备是需要自动控制的，如水柜、油柜或锅炉水位的液位高度控制。但控制精度要求不高，只要维持在某一设定的低限到高限的范围内就可以了。图 2-71 所示电路图是一个水箱中水位保持一定高度的控制系统。最高水位在 H 位置，最低水位高度在 L 位置，改变高低二根电极棒插入水箱中高低位置，即可改变高低水位的设定值。线路工作原理如下：

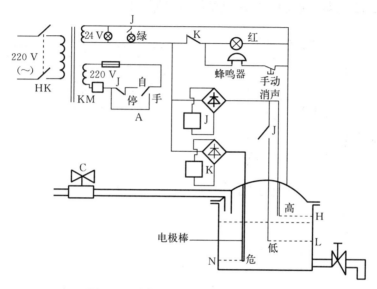

图 2-71 电极式水箱水位高度自动控制

合上电源开关 HK，操作手柄 A 打到自动挡，当水位在设定的低限水位（L 水位）以下时，水面与中等长度电极脱离，24 V 电路中没有电流通过，继电器 J 失电，其常闭触头闭合，使接触器 KM 接通，相继电磁阀 C 亦接通，水源向水箱送水，使水位逐渐上升，一直上升到最高水位（H）时，使 J 继电器吸合，其常闭触头打开，切断电磁阀 C，停止供水，当用户用水时，水位下降，使水位低于最高水位，但 J 继电器由于本身常开触头闭合使 J 继电器继续吸合，所以一直不继续供水，直到用户使水位低于最低水位（L）水位时，才继续恢复供水。所以在这个控制线路中，能保证水位保持在 H 与 L 水位之间。

当水位低于危险水位 N 时，使 K 继电器断电，使声光报警，告诉出现危险水位现象。

3. 空压机自动控制电路

现代化船舶柴油主机和柴油发电机的功率越来越大，起动能源主要依靠高压空气。同时，高压空气在船舶的其他系统中也被广泛应用。例如，用于主机的控制空气、用于其他自动控制系统中的气动元件的压缩空气、船用汽笛等。因此，船舶空气压缩机系统是船舶辅机系统的重要组成部分。

在船上船舶空压机一般都设有两套机组，并设计成为互为备用的系统，可同时使用，也可单独使用。

图 2-72 为某轮船舶主空压机系统电气原理图。

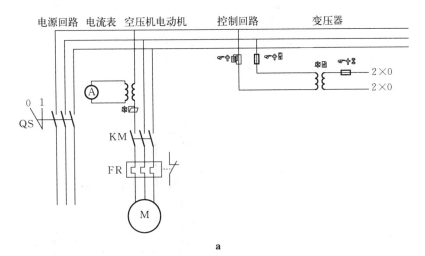

a

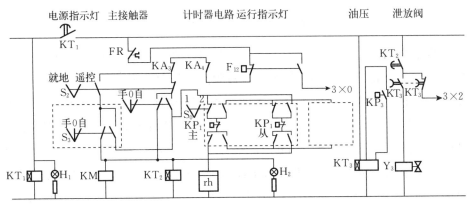

b

图 2-72 船舶主空压机系统电气原理

a. 主电路 b. 控制电路

M. 空压机电机 QS. 主开关 KM. 主接触器 FR. 热继电器 KT_1、KT_2、KT_3. 时间继电器

KA_3、KA_4. 辅助继电器 rh. 计时器 S_0. 主、备用转换开关 S_2. 控制位置转换开关 S_3. 遥控手动、自动转换开关 H_1、H_2. 指示灯 KP_1、KP_3. 压力开关 F_{12}. 温度开关 Y_3. 泄放阀

十、泵组自动切换控制电路

为主机服务的燃油泵、滑油泵、冷却水泵等主要电动辅机，为了控制方便和工作可靠均设置两套机组。不仅能在机组旁控制，也能在集中控制室进行遥控；而且在运行中泵系统出现故障时能实现机组的自动切换，使备用机组立即起动投入工作，以保证主机处于正常工作状态。图 2-73 为某轮泵的自动切换控制线路原理图。

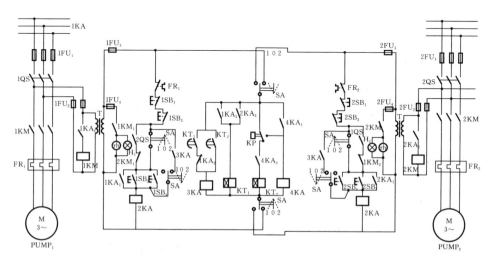

图 2-73　某轮泵的自动切换控制线路原理

第七节　船舶甲板机械电力拖动控制系统

现代船舶一般都把锚机、绞缆（缆）机、起货机和甲板起重设备统称为甲板机械。船舶的甲板机械大多采用电力拖动自动控制系统和电动液压控制系统。

船舶航行于海上，它处于与陆地完全不同的工作环境。机电设备运行的可靠性决定了船舶及海员的安全。因此，要求船舶机电设备必须适应海上各种恶劣情况，如高温、潮湿和海水的侵蚀、风浪引起的撞击和摇摆。另外，还要求机电设备操作灵活、维修方便。

一、船舶甲板机械的运行特点

1. 船舶甲板机械的工况特点

船舶甲板机械与船舶电站紧密联系。甲板机械中某些电动机单机功率相对发电机的容量而言，占有较大的权重，拖动电动机的起动、制动等运行状态都会直接影响到船舶电网参数的变化。

2. 调速要求

甲板机械要求调速的主要有起货机、锚机和绞纲（缆）机等，但这几种设备对于电力拖动的各项调速指标的要求并不高。一般要求调速范围在 1：(8～10)。目前在船用交流调速系统中，起货机、锚机大多采用变极调速系统。有的船舶把可编程控制器和单片机引入到控制系统中来，使其调速系统更为可靠，性能更佳。

3. 工作的可靠性要求

对甲板机械及其机电设备可靠性运行的要求高，这是由船舶的特殊性所决定的。除了要求它们可靠运行外，还要方便日常管理和维护，一旦发生意外故障，则要求故障部分能迅速切除和恢复，尽最大可能保持供电和继续运行。

4. 对电气设备的要求

对船舶的甲板机电设备有以下几点要求：

(1) **通用性**　同一用途的设备应具有同一规格，以保证良好的互换性。

(2) **抗干扰性**　目前电力电子器件在船舶中大量运用，必须抑制各种电磁干扰、提高电子设备和微机系统的电磁兼容性以保证这些系统的正常工作。

(3) **适应环境条件**　要求船舶的甲板机电设备能承受船舶在航行中发生的震动、冲击以及环境温度的变化。

二、锚机、绞纲（缆）机对电力拖动控制的要求

1. 锚机、绞纲（缆）机对电力拖动系统的基本要求

① 在锚机和绞纲（缆）机的控制系统中应设置自动逐级延时起动电路和应急保护电路。

② 电动机应具有足够大的过载能力（过载系数不小于 1.5），并能在过载拉力作用下（不要求速度）连续工作 2 min。

③ 电动机在堵转情况下能承受堵转电流时间为 1 min（堵转力矩为额定力矩的两倍）。

④ 为满足必需的起锚速度和拉锚入孔时的低速，要求电动机有一定的调速范围，一般要求在 3～5。

⑤ 在电动抛锚时，由于是位能性负载，所以要求控制系统必须具有稳定的制动抛锚功能，匀速抛锚。

⑥ 电动机起动次数不宜过于频繁，应能连续工作 30 min，且要满足 30 min内起动 25 次的要求。

⑦ 采用电气和机械联合制动，以便满足快速停车及系缆时具有轻载高速性能。

⑧ 电力拖动装置应能满足在给定航区内，单锚破土后，能收起双锚。通常于破土后应不小于 30 m/min。

⑨ 电动液压锚机应具有独立的电动机驱动，其液压管路应不受其他甲板机械的管路影响。链轮与驱动轴之间应装有离合器，离合器应有可靠的锁紧装置；链轮或卷筒应装有可靠的制动器，制动器刹紧后应能承受锚链断裂负荷 45％ 的静拉力；锚链轮上必须装有止链器。

⑩ 船长不小于 45 m 或者锚质量超过 450 kg 时，其锚机应由独立的原动机或电动机驱动。对于液压锚机，可允许其油泵由主机通过离合器带动。若主机带动的油泵供锚机与绞机共用，则在其管路分道处应设有操纵简易且能正确控制流量的分流阀，其管路的连接及布置，应保证锚机的正常工作不受影响。

2. 交流三速锚机电气控制线路分析

交流电动锚机电气控制线路见图 2-74。

控制系统中的主令控制器上正反转操作均有三挡位置，分别来控制三挡速度，拖动电动机采用交流三速鼠笼式电动机，其定子上有两套绕组：一套为 4 极，称为高速绕组；另一套是变极绕组，16 极低速是三角形（△）接法，8 极中速是双星形（YY）接法，从△改接成 YY 属于恒功率调速。系统设计低速与中速可直接起动，高速则要通过中速延时起动。正反转是对称控制线路，系统采用了可逆的对称控制，用主令控制器来控制锚机电动机的起动、调速、停止及反转。

当锚机电动机在高速挡运行时，一旦由于某种原因过载，系统能自动瞬时转换到中速挡运行。在负载减小后，为了重新回到高速挡运行，则主令控制器手柄必须从第三挡扳回到第二挡的位置，然后再扳到第三挡位置，锚机电动机才能重新进入高速运行。

系统中设置有失压保护，在低速与中速挡位置设置了热保护，在高速绕组回路设置了过载保护（过电流继电器 GLJ 的动作电流设置为高速挡额定

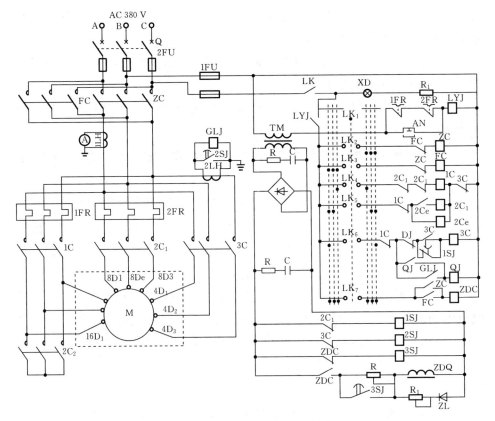

图 2-74　交流电动锚机电气控制线路

电流的 110％）。方向主接触器 ZC 与 FC 之间以及 1C 与 2C 之间设置有机械连锁装置，目的是为了防止电源短路。控制电路采用熔断器作短路保护。

三、船舶舵机的电力拖动与控制

目前，远洋渔业船舶上装备的都是远距离控制自动操舵仪，简称自动舵，几乎全部是电动液压舵机。

舵机设备主要由下列几个部分组成：①主操舵装置，②辅助操舵装置，③舵机装置动力设备，④动力转舵系统，⑤转舵机构，⑥操舵装置控制系统。

1. 舵机电力拖动与控制的基本要求

我国《钢质海洋渔船建造规范》的规定：

① 每艘船舶均应设置 1 套主操舵装置和 1 套辅助操舵装置。主操舵装置和辅助操舵装置的布置，应满足当其中一套发生故障时不致引起另一套也失

效。辅助操舵装置如设在舵机舱内，则驾驶室与舵机舱之间应设有通信设备。

② 主操舵装置应具有足够的强度，并能在渔船处于满载吃水并以最大航速时进行操纵，使舵自任一舷的 35°转至另一舷的 35°；并且自任一舷的 35°转至另一舷的 30°的时间应不超过 28 s。

③ 辅助操舵装置应具有足够强度和能力，使渔船以 1/2 最大航速或 7 kn（取其大者）航速前进时，在不超过 60 s 时间内，使舵自任一舷的 15°转至另一舷的 15°。

④ 操舵装置应有保持舵位不动的制动装置。对于液压舵机，如舵机液压油缸与管路间设有隔离阀，可免设此制动装置。

⑤ 操舵装置应设有舵角限位器，其安装位置应使转舵角度比最大工作角度大 1.5°。

⑥ 动力操纵的操舵装置还应设有限位开关或类似的设备，使舵在到达舵角限位器前停止。装设的限位开关或类似的设备应与转舵机构本身同步，而不应与操舵装置的控制系统同步。

⑦ 主操舵装置，宜设两套独立的控制系统，且每套均能从驾驶室单独操作。但对液压操舵系统可仅设一套。

⑧ 船长不小于 75 m 时，主操舵装置应在驾驶室及舵机器处所内均设控制系统，且当驾驶室的控制系统失效时，不应影响舵机器处所控制系统的功能。

2. 电源及线路敷设

① 由一台或几台动力设备组成的每一电动或电动液压操舵装置，至少应由主配电板设两路独立馈电线直接供电。但其中的一路可以由应急配电板供电。电动或电动液压操舵装置的供电电路应有足够的容量，使之能同时向与它连接且可能需要同时工作的所有电动机供电。

② 动力操作的辅助操舵装置，如果它不是电动的或由主要用于其他用途的电动机来驱动的，则主操舵装置可由主配电板以一路馈电线路供电。

③ 在驾驶室操纵的每一个主操舵装置及辅助操舵装置的电控制系统，应由位于舵机室内某处且与相应的操舵装置动力线路联用的独立线路供电。此控制系统也可直接由主配电板或应急配电板设独立线路供电，该独立线路应邻近于相应的操舵装置动力线路，并与它位于同一汇流排区段内。

④ 要求电力线路和操舵装置控制系统及其附件、电缆和管子应在它们的整个长度范围内尽可能地远离。船长小于 45 m 时，可以放宽要求。

⑤ 对船长小于 45 m 的渔船，其电路及电动机应设置短路保护和过载报

警装置，如设有包括起动电流在内的过电流保护，则应不小于所保护电路或电动机满载电流的两倍，并应配置能够允许适当的起动电流通过。当采用三相供电时，则应设置能指示任一相断开的报警装置。本条所要求的警报须为声、光警报，并应位于主机处或正常控制主机的控制室内的明显位置上，在驾驶室内也应设置声、光警报。

3. 舵机的操纵方式

（1）单动舵　单动舵也叫应急舵或非随动舵。它是在自动舵及随动操舵都不能用的情况下，作为应急操舵。单动舵控制线路比较简单。

单动操舵控制可用图 2-75 所示的方框图来表示。在操舵控制信号较弱时，不足以直接推动执行机构工作，或即使能推动工作，但其灵敏度太低，故必须加放大环节。

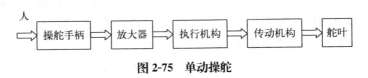

图 2-75　单动操舵

（2）随动舵　随动舵控制系统只要操作人员给出某一操舵指令，系统就能自动地按指令把舵叶转到所要求的舵角上，并且自动使舵叶停转。

图 2-76 为随动舵系统方框图。它是按偏差原则进行调节的。

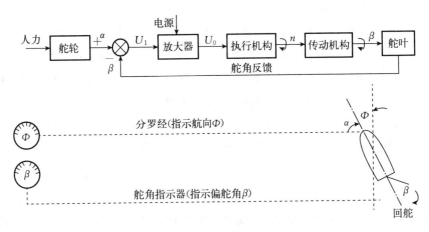

图 2-76　随动操舵系统

（3）自动舵　自动舵是根据电罗经送来的船舶实际航向与给定航向信号的偏差进行控制的。在舵机投入自动工作时，如果船舶偏离了航向，不用人的干预，自动舵就能自动投入运行，转动舵叶，使船舶回到给定航向上来。

第三章　船舶发电机和配电系统

第一节　船舶电力系统

一、船舶电力系统的组成与特点

船舶电力系统主要是由电源、配电装置、电力网与用电设备四部分组成，其单线图如图 3-1 所示。

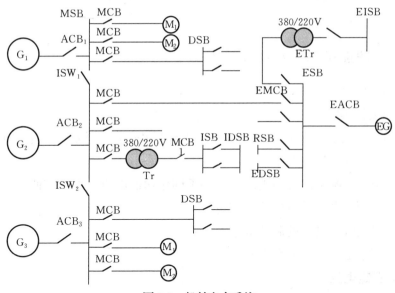

图 3-1　船舶电力系统

G₁、G₂、G₃. 主发电机　EG. 应急发电机　ACB. 发电机主开关　EACB. 应急发电机主开关

MSB. 主配电板　ESB. 应急配电板　MCB. 配电开关　M₁. 电动机　DSB. 分配电板

RSB. 无线电分配电板　EMCB. 应急配电开关　ISW. 隔离开关　ISB. 照明配电板

EISB. 应急照明配电板　IDSB. 照明分配电板　EDSB. 应急分配电板

Tr. 照明变压器　ETr. 应急照明变压器

1. 电源

电源是发电部分，它是将机械能等其他形式的能转换为电能的装置。通常

采用发电机组或蓄电池组。发电机由原动机带动的，原动机一般采用柴油机。

2. 配电装置

配电装置对电源、电网和用电设备进行保护、监视、测量、分配、转换和控制的装置。配电装置分为主配电板、应急配电板、动力分配电板、照明分配电板和蓄电池充放电板等。

3. 电网

电网是输电部分，联系发电机、主配电板、分配电板和用电设备的全船电缆和电线的总称。其作用是用来输送电能，将电源产生的电能输送给全船所有的用电设备。电力网分为动力电网、照明电网、应急电网、低压电网和弱电电网等。

4. 负载

负载是全船所有用电设备的总称。可分为甲板机械，如舵机、锚机等；舱室机械，如各类泵、空压机等；照明灯具、航行灯、信号灯和通信设备如无线电、电话、电车钟等。

二、船舶电力系统的基本参数

船舶电力系统的基本参数是：电流种类、额定电压、额定频率和线制。

1. 电流种类

船舶电流种类分交流和直流两种。与直流电制相比，交流电制具有以下优点：

① 提高电气设备的工作可靠性。

② 交流电制可以方便地取得各种不同用途的电压，配电方便。

③ 减少了电气设备的体积和重量。

④ 降低电气设备的制造成本。

⑤ 便于维护、保养和管理。

2. 额定电压

额定电压是船舶电力系统的重要参数之一。表 3-1 为《钢质海洋渔船建造规范》关于船舶配电系统最高电压的规定。特别指出：500 V 以上的配电系统，除了电压不高于 1 000 V 配电系统中所有控制设备均封闭在相应的控制柜者外，其控制电压均应不高于 250 V。

3. 额定频率

船舶交流电力系统现行的额定频率有 50 Hz 和 60 Hz 两种。在船舶电力系统设计中，系统的额定频率一般是不能任意选择的。我国对船用电源的频率规定：国内船舶电源与陆用电源一律采用 50 Hz 为标准频率。

表 3-1　配电系统最高电压

序号	用　　途	最高电压	
		直流	交流
1	① 固定安装并连接于固定布线的电力设备、电炊设备和除室内取暖器以外的电热设备 ② 固定安装的电力设备和除室内取暖器以外的电热设备，由于使用上的原因须用软电缆连接者，如可移动的起重机等 ③ 以软电缆与插座连接，运行中不需手握持，并以截面积符合《钢质海洋渔船建造规范》要求的连续接地导体可靠接地的可移动设备，如电焊变压器等	500	1 000
2	① 居住舱室内的照明设备、取暖器 ② 向下列设备供电的插座：具有双重绝缘的设备，以符合《钢质海洋渔船建造规范》要求的连续接地导体接地的设备	250	250
3	人特别容易触电的场所，如特别潮湿、狭窄处所中的插座： ① 用或不用隔离变压器供电 ② 由只供一个用电设备的安全隔离变压器供电，这些插座系统的两根导线均应对地绝缘	36 250	36 250

4. 线制

根据《钢质海洋渔船建造规范》规定，船舶配电系统可采用以下线制：

(1) 直流

① 双线绝缘系统，见图 3-2a。

② 负极接地的双线系统，见图 3-2b。

③ 利用船体作负极回路的单线系统，见图 3-2c。

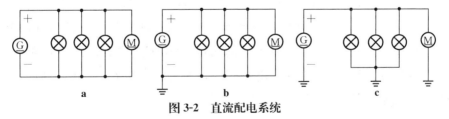

图 3-2　直流配电系统

a. 双线绝缘系统　b. 负极接地的双线系统　c. 利用船体作负极回路的单线系统

(2) 交流单相

① 双线绝缘系统。

② 一线接地的双线系统。

③ 利用船体作回路的单线系统。

（3）交流三相

① 三线绝缘系统，见图3-3。

② 中性点接地的四线系统，见图3-4。

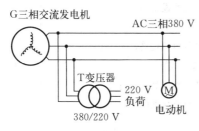

图3-3　三线绝缘系统

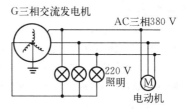

图3-4　中性点接地的四线系统

③ 以船体作为中性线回路的三线系统，见图3-5。

三线绝缘系统（流行采用），中性点接地的四线系统和利用船体作为中性线回路的三线系统（少用）。三线绝缘系统的特点是照明系统与动力系统是经过变压器相联系的，所以在两系统间只有磁通的联系而没有电气的直接联系，因而相互间影响小。

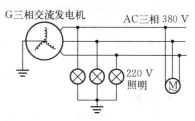

图3-5　以船体作为中性线
回路的三线系统

《钢质海洋渔船建造规范》还规定了以下几点特殊情况：

① 船长不小于45 m的船舶，不应采用中性点绝缘的三相四线配电系统，但在特殊情况下经验船部门同意后可以例外。

② 船长不小于75 m船舶的动力、电热和照明系统，均不应采用利用船体作回路的配电系统。但如能做到由此而产生的任何电流不直接流过任何危险处所，则经验船部门同意可使用有限的和局部的以船体作回路的配电系统。

③ 当采用船体作回路的配电系统时，所有最后分路，即位于最后一个保护电器之后的所有电路均应为双线供电。

三、船舶电力系统的工作特点

由于船舶负载的特点与陆地不同，使得船舶电力系统在电站容量、电压等级、发、配电装置等部分与陆上电力系统相比有很大差异，主要有以下几个方面。

1. 船舶电站容量较小

由于船舶电站容量较小，而某些大负载容量可与单台发电机容量相当，所以这样的负载起动时会对电网造成很大的冲击（电压、频率跌落均很大），因而对船舶电力系统的稳定性提出了较高的要求。

2. 船舶电网输电线路短

由于船舶容积的限制，电气设备比较集中，电网长度不大，并都采用电缆，所以对发电机和电网的保护比较简单，一般只设置有发电机过载及外部短路的保护，且电网的保护和发电机的保护通常共用一套保护装置。

3. 船舶电气设备工作环境恶劣

船舶电气设备工作条件比较恶劣，环境条件对电气设备的运行性能和工作寿命有严重影响。当环境温度高时，会造成电动机出力不足，绝缘加速老化。相对湿度高则会使电气设备绝缘受潮、发胀、分层及变形等，使绝缘性能降低，并且会使金属部件加速腐蚀，镀层剥落。盐雾的存在、霉菌的生长和油雾及灰尘黏结都能使电气设备绝缘下降、工作性能受到影响。当船舶受到严重的冲击和振动时，也会造成电气设备损坏、接触不良或误动作。

四、船舶电力系统的工作条件和环境条件

船舶电力系统的工作条件和环境条件比较恶劣，对电气设备的运行性能和工作寿命有严重影响。因此，对船用电气设备提出了一些特殊的要求，一般通称船用条件。所以，船上使用的电机和电器应选用船用电气产品。

1. 环境温度

船舶环境温度一般 $-25\sim+45\,^{\circ}\!C$，锅炉舱的电气设备规定为 $50\,^{\circ}\!C$。如表 3-2 所示。

表 3-2　环境温度

介质	部位	温度（℃）	
		无限航区	除热带有限航区
空气	封闭处所内	0～+45	0～+40
	>45 ℃、<0 ℃处所	按该处所温度	按该处所温度
	开敞甲板	−25～+45	−25～+45
	船用电子设备	55	55
水	—	32	25

2. 倾斜和摇摆的条件

倾斜和摇摆见表 3-3。

表 3-3　倾斜和摇摆条件

设备组件	倾斜角（°）			
	横向		纵向	
	横倾	横摇	纵倾	纵摇
应急电气设备、开关设备、电器和电子设备	22.5	22.5	10	10
上列以外的设备	15	22.5	5	7.5

3. 适应船舶电网电压和频率波动的条件

电压和频率波动见表 3-4。

表 3-4　电压和频率波动

设备	参数	稳态	瞬态
一般设备	电压	$-10\sim+6$ V	$\pm20\%$　1.5s
	频率	$-5\sim+5$ Hz	$\pm10\%$　5s
蓄电池	电压	$-25\sim+30$ V	

4. 其他条件

相对湿度一般为 95%，要求经三防（防湿热、防盐雾、防霉菌）处理。能承受和适应振动和冲击。满足相关固体和液体防护要求，国际防护 IP 等级标准，IP 后面第 1 个数字表示防护固体异物侵入的等级（分 0～6 共 7 个等级）；IP 后面第 2 个数字表示防护水液侵入的等级（分 0～8 共 9 个等级）。

五、船舶电网分类、配电方式

船舶电网是由船用电缆、导线和配电装置以一定的连接方式组成的整体。发电机所产生的电能就是通过电网配送到船上各个用电设备的。

船舶电网包括供电网络和配电网络，供电网络是指主发电机与主配电板之间、应急发电机与应急配电板之间、主配电板之间以及主配电板与应急配电板、岸电箱之间的电气连接网络。配电网络是指主配电板、应急配电板到用电设备之间的电气连接网络。当船上用电设备较多时，负载不可能全部由主配电板直接供电，而是将电能从主配电板经由分配电板或分配电箱再分到负载。

1. 船舶电网的分类

根据用电设备使用电压等级的不同，船舶电网可分为动力网络、照明网络和低压网络。

(1) 动力网络　380 V 网络，供电给电动机和 600 W 以上的电热装置及功率大于 1 kW 的探照灯。其用电量占总负载的 70% 左右，它可由主配电板直接供电，也允许安装在附近的各种相同性质的辅机合并成组，由主配电板单独馈电的分配电板供电。

(2) 照明网络　220 V 网络，通常连接到主配电板汇流排上的变压器副边，供电给各照明分配电箱，再由各照明分配电箱供电给照明灯具。机舱中的照明须交叉分布，并至少有两个独立供电线路，以保证在一路线路有故障时仍可保持有 50% 的照明。室外照明线路应能在驾驶室集中控制其断开和接通。

(3) 低压网络　50 V 以下的网络，供电给使用电压为 50 V 以下的用电设备。一般由直流 24 V 蓄电池电源，供电给公共场所的应急照明、主机操纵台、主配电板前后、锅炉仪表、应急出入口处、艇甲板等处的最低照明；以及供给无线电、通信导航设备的应急用电。

2. 船舶电网的配电方式

船舶电网的配电方式五花八门，但基本类型有以下五种：

(1) 馈线配电方式　各个用电设备及分配电箱由主配电板的单独馈线引出，如图 3-6a 所示；在具有两个电站时常采用以棋盘式的顺序给各个用电设备供电，如图 3-6b 所示。

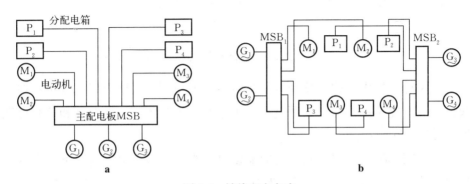

图 3-6　馈线配电方式

a. 一般式　b. 棋盘式

（2）干线配电方式 由主配电板引出几根叫做干线的电缆对分配电箱供电，用电设备再从分配电板上取得电源。如图3-7所示。

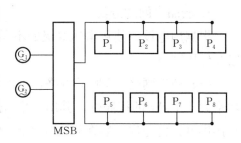

图3-7 干线配电方式

（3）混合配电方式 馈线式和干线式混合的配电方式。即一部分分配电箱或负载采用馈线配电方式，另一部分则采用干线配电方式。通常，前者是功率较大或较重要的负载，后者是较次要或功率较小的负载。如图3-8所示。是目前船舶上广泛使用的一种配电方式。

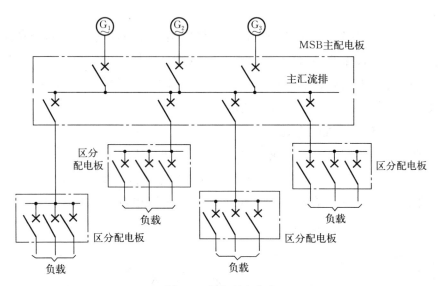

图3-8 混合配电方式

（4）环形配电方式 这种方式是将主配电板和负载的分配电板串接在一起形成一个完整的环形，向用电设备供电。分为全闭环、电源环和负载环数种。如图3-9所示。

（5）网形配电方式 它是在船舶发电机组和负载较多的情况下，由环形配电方式发展而成的一种配电形式。如图3-10所示。是配电方式发展的趋势。

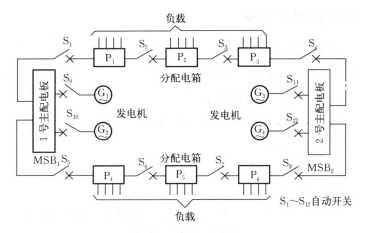

图 3-9 环形配电方式

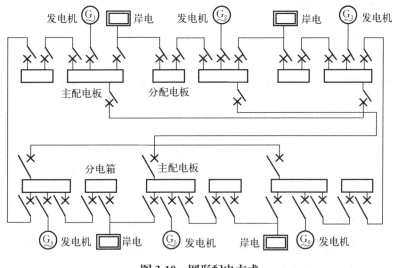

图 3-10 网形配电方式

第二节 船舶配电装置

船舶配电装置是用来接收和分配船舶电能，并对发电机和电网进行保护、测量和调整等工作的设备。它是由各种开关设备、保护测量电器、母线和必要的辅助设备组合在一起，构成的用来接受、分配和控制电能的一体化装置。

一、配电装置的功能

船舶配电装置的主要功能有：

① 接收和分配船舶发电机输出的电能。

② 正常运行时接通和断开电路。

③ 电力系统发生故障或处于不正常运行状态时，保护装置动作，切断故障电路或发出报警信号。

④ 测量和显示运行中的各种电气参数，如电压、电流、功率、频率、功率因数、绝缘电阻等。

⑤ 进行某些电气参数的调整（如电压、频率及转速的调整）。

⑥ 监视电路状态、开关状态以及对偏离正常工作状态进行信号指示等。

二、配电装置的类型

船舶配电装置按其用途的不同可分为下列类型。

1. 主配电板

又称为总配电盘，是用于控制和监视主电站所产生的电能，并对全船正常使用的电能进行分配的开关设备和控制设备的组合装置。

2. 应急配电板

应急配电板是用于控制和监视由应急电源产生的电能，并在船舶应急状况下，对人员和船舶安全所必需的电力负载进行配电的开关设备和控制设备的组合装置。

3. 停泊配电板

用来控制和监视停泊发电机的工作，并对停泊状态下的负载进行配电。

4. 分配电板、区域配电板

分配电板和区域配电板都是开关设备和控制设备的组合装置，属于二级配电板。

5. 充放电板

充放电板是用来控制和监视充电电源的工作状态和蓄电池组的充电与放电情况，并将蓄电池组的电能分配给船上的低压用电设备的装置。

6. 驾驶室集控板

用来在驾驶室集中控制某些电气设备，如探照灯、雾笛、航行灯、信号灯、闪光灯、电铃、广播、声力电话、自动电话、遇难报警、总动员按钮、遥控按钮等。

7. 岸电箱

船舶停靠码头时接岸电用。

8. 电工试验板

装于电工间,接有全船各种电源,供电工检修试验电气设备用。

三、船舶主配电板

主配电板是船舶电力系统的中枢,对全船电力系统的发电和配电的操作、控制、保护、测量及监视等功能都集中在主配电板上,主配电板通常由发电机控制屏、并车屏、负载屏及连接汇流排(母线)四部分构成。

主配电板由多块发电机控制屏、负载屏和并车屏经汇流排进行电气连接而形成一个整体,其屏柜的数量取决于电力系统的形式和规模。所有发电机和负载均接至汇流排上。

当屏数较少时,可将并车屏、发电机控制屏排在中间,配电屏分别排在两边。主配电板每一屏又分成上下两部分,上面板一般安装测量仪表及其转换开关,下面板安装发电机主开关或负载配电开关、励磁装置和调压器等。载流部分的极间或相间的绝缘电阻,其值应不低于 $1 M\Omega$。

1. 发电机控制屏

(1)功能和构成 发电机控制屏是用来控制、调节、监视和保护发电机组的,每台发电机都配有单独的控制屏。发电机控制屏一般包含励磁控制部分、发电机主开关及其指示操纵部分、发电机保护部分、仪用互感器及测量仪表等。

发电机控制屏结构上常设计成上、中、下三层。上部的面板装有测量仪表、转换开关及指示灯,一般做成门式结构;中间装有主电源开关,面板上装有主电源开关的操作部件、指示灯、充磁按钮等;发电机的自励恒压装置用的相复励变压器、并车用的移相电抗器和励磁变阻器等较重的设备安装在下部。在发电机控制屏上应设有发电机的充磁设备。

粗同步并车控制部分一般放在该屏后面或侧面,所有操纵按钮及指示灯均安装于盘面上。

(2)主要器件 发电机控制屏上安装的主要器件如下。

①电流表(A)及转换开关:可分别测量发电机(每台发电机一个)任意一相的线电流,通过转换开关进行切换测量。

②电压表（V）及转换开关：可分别测量发电机和汇流排任意二线间的电压（每台发电机一个），通过转换开关进行切换测量。

③频率表（Hz）：用于测量发电机的频率（此表指针在不通电时可停留在任一位置）。

④功率表（kW）：用于测量发电机的三相总有功功率。

⑤功率因数表（cos φ）：用于测量发电机的功率因数。

⑥励磁电流表：可分别测量各发电机励磁电流。

⑦无功功率表：用于测量发电机的三相总无功功率。

⑧原动机调速开关：用于调节发电机的频率和并联运行时进行有功功率转移。开关有升速和降速两个方向，并能自动复位到中间位置，它实际上是控制调速伺服电动机正、反转的开关。

⑨框架式自动空气开关：发电机主开关通常采用框架式自动空气断路器。主要用于接通与断开发电机主电路，可对发电机进行过载、短路、失（欠）压保护。

⑩发电机主开关的合闸按钮、分闸按钮、充磁按钮和调速开关（按钮）。

⑪信号指示灯：发电机控制屏上设有指示发电机组状况的红、绿指示灯，某些船还装有黄色指示灯，其含义为：

a. 红色指示灯：发电机组起动成功但未合闸时，指示灯亮。

b. 绿色指示灯：发电机主开关合闸供电，指示灯亮。

c. 黄色指示灯：发电机组起动建压成功，主开关已储能，指示灯亮；主开关合闸指示灯熄灭。

⑫发电机励磁装置。

⑬逆功率保护及继电保护装置。

⑭主发电机应与岸电连接连锁，以避免同时供电。

2. 并车屏

在有多台发动机向电网同时供电的船舶电站中，为了便于控制发电机并车，主配电板大多设置有并车屏。在并车屏中安装有同步指示仪表及相关器件，在并车时可以操纵任一台发电机的调速、投入与切除，实现各发电机的手动、自动或半自动并车。

并车屏中安装的主要器件如下：

（1）隔离开关　它是将左右两侧母线连通的开关，即母线联络开关。通常母线联络开关不带负荷操作，因此采用隔离开关；当有带负荷操作要求时，须采用断路器。

（2）**整（同）步表及转换开关** 通过转换开关指示任一台发电机与电网电压之间的频率差及相位差。

（3）**两个频率表** 用于指示电网及待并发电机的频率。

（4）**电压表** 用于指示电网及待并发电机电压，有的船舶采用一个电压表，通过转换开关切换测量。

（5）**整步指示灯** 在手动并车时，用于显示并车的电压、频率和相位条件。

（6）**粗同步并车的电抗器、主接触器及熔断器** 在采用粗同步并车方式的船舶电站中，由电抗器、主接触器及熔断器等器件构成粗同步并车装置。

（7）**准同步并车装置** 在采用准同步并车方式的船舶电站中，设置有准同步并车装置。

（8）**互感器** 各类仪表及配电电器所测量或获取的发电机电压、电流量均须经过电压互感器和电流互感器，不可直接从母线上测取。

3. 负载屏

负载屏主要用于对各馈电回路进行控制、监视和保护，并通过装在负载线路上的馈电开关将电能供给船上各用电设备或分电箱。

供电给动力负载的屏称为动力负载屏，一般船舶按动力负载的多少可设二至四屏；供电给照明负载的负载屏称为照明负载屏，一般只需一至二屏。

普通负载屏主要由配电开关、熔断器，部分负载屏还有电流表、电压表、绝缘监视表（兆欧表）及其转换开关组成；在照明负载屏上还装设有变压器开关及电流表，电压表及转换开关等设备。

对于组合起动类的负载屏主要由配电开关、熔断器、负载起停控制环节（接触器、热继电器、起动与停止按钮、指示灯、控制电器）等部件组成。

负载屏上的配电开关大多采用塑壳式自动空气断路器，某些船舶对一些大负载或重要负荷也有采用框架式自动空气断路器的。

有的负载屏上还可能装有与应急电板联系的开关和岸电开关。

4. 汇流排（母线）

汇流排是发电机与负载（或分配电板）的联系桥梁。各发电机发出的电能先送到共用母线即汇流排上，再由汇流排配送到负载。有的船舶汇流排由二段或多段组成，各汇流排之间根据需要通过隔离开关接通或断开。

汇流排及其连接件应为铜质，其连接处应作防腐蚀处理。汇流排的最大允许温升为 45 ℃。均压汇流排的载流能力，应不小于电站中最大发电机额定电流的 50％。交流三相四线系统中中性线汇流排的截面积，应不小于相应相汇流排截面积的 50％。

交流汇流排按从上到下（垂直排列）、从左到右、从前到后（水平布置）的顺序依次为 A 相、B 相、C 相。汇流排的颜色依次为绿色、黄色、褐色或紫色，中线为浅蓝色，接地线为绿色和黄色间隔。

直流汇流排按从上到下（垂直排列）、从左到右、从前到后（水平布置）的顺序依次为正极、中线、负极。其颜色为正极——红色，负极——蓝色，中线——绿色和黄色相间色。

四、船舶重要负载的供电方式

船舶重要负载是指那些与船舶航行、货物的保存、船舶及人身安全有关的电气设备。这些重要负载包括主机滑油泵、冷却水泵、燃油输送泵、燃油分油机、空压机、循环水泵、锅炉给水泵和风机、舵机、锚机、主机控制装置、导航、通信设备和各种报警装置，对这些设备要求工作可靠，因此在配电时通常采取：

（1）主配电板直接供电方式　如舵机、锚机、消防泵、消防自动喷淋系统、无线电电源板、陀螺罗经、航行灯控制箱、苏伊士运河灯等。

（2）两路独立馈电线供电　某些重要的负载如舵机、航行灯控制箱等。

（3）采用自动分级卸载装置　在发电机高峰负载时，自动分级卸掉次要负载，以确保重要用电设备的安全和连续供电。

（4）分段汇流排供电方式　船上不少用电设备有两台或两台以上，每一段汇流排上接一台设备，当某一段汇流排上的线路发生故障又未能及时排除时，汇流排上的自动开关动作将两段汇流排分开，保证重要设备的另一台尚能继续工作，提高了可靠性。

第三节　同步发电机

同步电机是一种交流电机，它区别另一种交流电机——异步电机的一个重要特征在于它的转速（r/min）与电流频率（Hz）之间保持着严格的关系，即：

$$n = \frac{60f}{p} \qquad (3-1)$$

式中　p——电机的极对数。

所以，当同步电机的极对数和转速一定时，感应电动势的频率也是一定的。

同步电机和其他电机一样，具有可逆性，可做同步发电机也可做同步电动机用，但在船舶上主要是做同步发电机用。

一、同步发电机的构造与额定值

1. 同步发电机的基本结构

同步发电机与其他电机一样，由定子和转子两大部分组成。转场式三相同步发电机定子与三相异步电机的相同，主要有嵌放在铁心槽中的三相对称绕组，转子上装有磁极和励磁绕组，如图 3-11 所示。当励磁绕组通以直流电流以后，电机内产转子磁场，如用原动机带动转子旋转，则转子磁场与三相定子绕组间有相对运动，就会在三相定子绕组中感应出交流电势。

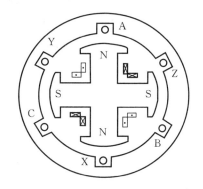

图 3-11　三相同步发电机结构原理

同步发电机按其结构可以分为旋转电枢式和旋转磁极式。旋转磁极式按照磁极的形状，又可分为凸极式（图 3-12a）和隐极式（图 3-12b）。

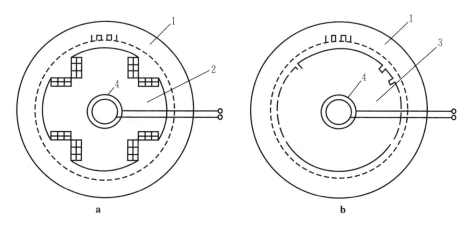

图 3-12　同步发电机的基本形式

a. 凸极式　b. 隐极式

1. 定子　2. 凸极转子　3. 隐极转子　4. 滑环

2. 三相同步发电机额定值

（1）**额定容量 S_N 或额定功率 P_N** P_N 指发电机输出的有功功率，S_N 指发电机的视在功率。

（2）**额定电压 U_N** 一般标为 400/230 V，即三相电压为 400 V，单相电压为 230 V。

（3）**额定电流 I_N** 指发电机定子绕组允许长时间通过的电流。

（4）**额定功率因数 $\cos\varphi_N$** 三相发电机为 0.8（滞后），单相发电机为 0.9（滞后）和 1.0。

（5）**额定频率 f_N** 国家标准规定工频机组为 50 Hz，中频机组为 400 Hz。

（6）**额定转速 n_N** 指对应额定功率下的转速。目前三相发电机组使用较多的是 1 500 r/min，单相发电机组使用的一般为 3 000 r/min。

（7）**额定励磁电流 I_f** 指交流发电机在额定负载条件下，励磁绕组所通过的直流电流。

（8）**额定励磁电压 U_f** 指额定励磁电流下加在励磁绕组上的直流电压。

3. 同步发电机的工作原理

当同步发电机的转子在原动机的拖动下达到同步转速 n_0 时，由于转子绕组是由直流电流 I_f 励磁，所以转子绕组在气隙中所建立的磁场相对于定子来说是一个与转子旋转方向相同，转速大小相等的旋转磁场。该磁场切割定子上开路的三相对称绕组，在三相对称绕组中产生三相对称空载感应电动势 E_0。若改变励磁电流的大小则可相应地改变感应电动势的大小，此时同步发电机处于空载运行。

当同步发电机带负载后，定子绕组构成闭合回路，产生定子电流，该电流是三相对称电流，因而要在气隙中产生与转子旋转方向相同，转速大小相等的旋转磁场。此时定、转子间旋转磁场相对静止，气隙中的磁场是定、转子旋转磁场的合成。由于气隙中磁场的改变，定子绕组中感应电动势的大小也发生变化。

二、同步发电机的基本特性

1. 空载运行

原动机拖动发电机转子旋转，在发电机的转子绕组上加直流励磁，定子电枢绕组开路（发电机主开关处于断开）状态，称为同步发电机的空载运行。

空载时，发电机的转速 n 等于同步转速，电枢电流 $I_a=0$，空载电压 U_0 与励磁电流 I_f 的关系称为空载特性，表示为 $U_0=f(I_f)$。

当三相同步发电机励磁绕组中通入一定的直流励磁电流 I_f，并以额定转速空载运行时，在三相电枢绕组中产生对称的三相正弦空载电动势（即开路相电压），其瞬时值为：

$$e_A = E_m \sin\omega t$$
$$e_B = E_m \sin(\omega t - 120°)$$
$$e_C = E_m \sin(\omega t + 120°)$$

(3-2)

空载电动势的有效值为：

$$E_0 = E_m / \sqrt{2} = 4.44\, k f N \Phi_0$$

(3-3)

式中　Φ_0——每极下的总磁通。

空载电动势的频率 f 与转子的转速 n 和磁极对数 p 成正比，即 $f = pn/60$。

由以上两式可得：

$$E_0 = K_e \Phi_0 n$$

(3-4)

式中　K_e——电势常数。

上式表明主磁通和转速的变化都会引起发电机空载电动势的变化。

保持发电机额定转速不变时，空载电动势随励磁电流变化的关系曲线称为空载特性曲线，如图 3-13 所示。由于 $E_0 \propto \Phi_0$、$U_0 = E_0$ 而磁通与励磁电流是磁化曲线关系，所以 U_0 与 I_f 的关系曲线具有磁化曲线的特点。

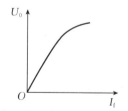

图 3-13　空载特性曲线

2. 负载运行及电枢反应

三相同步发电机在运行中随着负载的大小、性质的变化，发电机内部的气隙磁场也在变化，三相同步发电机的输出电压和电流也随之变化。

当同步发电机接通负载时，三相电枢绕组的三相电流将产生旋转磁场。这种旋转磁场称为电枢反应磁场。该旋转磁场的转速与电枢电流的频率成正比、与磁极对数成反比，即 $n_0 = 60f/p$。而发电机的频率 $f = pn/60$，所以 $n_0 = n$，而 Φ_a 的转向则决定于电枢电流的相序，也即决定于主磁场的转向；故 Φ_a 和 Φ_0 两者同速同向旋转，在空间彼此保持相对静止，因而电枢磁场对磁极主磁场产生某种确定性影响。这种电枢磁场对磁极主磁场的影响称为电枢反应。

电枢反应是由于电枢电流引起的，电枢反应的强弱和电枢反应的效应与电枢电流的大小和相位有关，而电枢电流又决定于负载，所以电枢反应效应与负载性质有关。

① 电枢电流 $\dot{I}_a$ 与空载电势 $\dot{E}_0$ 同相位（即 $\varphi=0°$）时的电枢反应为交轴电枢反应，磁场畸变。

② 电枢电流 $\dot{I}_a$ 滞后于空载电势 $\dot{E}_0$ 差 $90°$（即 $\varphi=90°$）时的电枢反应为直轴去磁电枢反应。磁场减弱。

③ 电枢电流 $\dot{I}_a$ 超前于空载电势 $\dot{E}_0$ 差 $90°$（即 $\varphi=-90°$）时的电枢反应为直轴增磁电枢反应。磁场增强。

3. 外特性及调节特性

（1）**外特性** $U=f(I)$　发电机负载后其端电压与空载时不同，当保持额定转速不变、保持一定的负载功率因数和励磁电流不变时，发电机的端电压随电枢电流变化的特性 $U=f(I)$，称为外特性。发电机有载端电压的变化不仅与负载电流的大小有关，而且与负载的功率因数有关。

图 3-14 为三种不同性质负载下的外特性曲线。对电感性负载因有去磁效应，端电压随负载电流的增加而下降；对电容性负载则其端电压将随负载电流的增加而增加；对电阻性负载因交磁电枢反应占主导，所以电压下降较小。

（2）**调节特性** $I_f=f(I)$　为使同步发电机的电压基本不随负载而变，就需要根据负载电流的大小和负载性质提供相应的励磁补偿电流，以抵偿因电枢反应等引起的电压变化。同步发电机在额定转速和一定的负载功率因数下，为保持端电压基本不变，励磁电流 I_f 随负载电流 I 而变化的关系 $I_f=f(I)$ 称为调节特性。

图 3-15 所示为三种不同性质负载时的调节特性曲线。

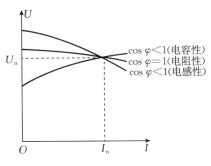

图 3-14　同步发电机的外特性

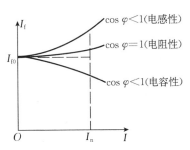

图 3-15　同步发电机的调节特性

4. 三相同步发电机单机运行时的特点

发电机输出的有功和无功功率完全决定于负载。首先是负载先发生变化，然后引起发电机的有功功率和无功功率的变化。

用电负载不变，人为地改变原动机的输入（加大或关小油门），将使转速和频率发生相应的变化；而人为地改变发电机的励磁电流，将使发电机的输出电压发生相应的变化。

有功负载的变化可以引起发电机频率的变化，变化的程度与原动机调速器的特性有关；无功负载的变化可以引起发电机输出电压的变化，变化的程度与发电机外特性或自动调压系统的特性有关。

第四节 船舶发电机主开关

船舶发电机主开关又称船用空气断路器。正常运行时，主开关作为接通和断开主电路的开关电器。非正常运行情况（过载、电网短路、发电机欠压等），它能自动从电网上断开发电机。空气断路器是一种带有保护装置的开关电器，既是开关电器，又是保护电器。

船舶发电机主开关大多采用万能式空气断路器，配电开关大多采用装置式，主要形式有国产 DW9 系列。外形图如图 3-16 所示。

图 3-16 空气断路器

一、主开关的基本结构和功能

空气断路器一般包括触头系统、灭弧室、过流脱扣器、失压脱扣器、分励脱扣器、自由脱扣机构、电动操作机构和手动操作机构。其方框图如图 3-17 所示。

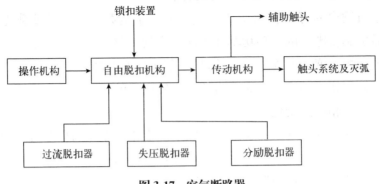

图 3-17　空气断路器

1. 触头系统

空气断路器一般有 2～3 组主触头、5～6 组辅助触头。主触头用在主电路，辅助触头用在控制电路。开关在闭合时通过的额定电流由主触头承担。为了避免主触头在断开电流时被电弧灼伤，除主触头外还设有弧触头，大容量空气断路器有的还设预接触头。它们的闭合次序是：先接通弧触头，后接通预接触头，最后才接通主触头。在分闸时则刚巧相反，先断开主触头，后断开预接触头，最后才断开弧触头。

这样的结构就可保证主触头不被电弧灼伤。由于主触头系采用银钨合金，故具有良好的耐磨性和抗熔焊性。触头系统的设计，应保证有足够的电动稳定性，具有电动力补偿，即短路电流所产生的电动力，不是减弱而是加强触头的压力。

2. 灭弧室

灭弧室通常采用复式灭弧原理，即具有去离子栅片和灭焰栅，以减小断开开关时的飞弧区域。当开关断开时，强大的电流以电弧的形式进入灭弧栅片，利用复式灭弧栅片将长弧隔离成多段短弧能缩小飞弧距离，使电弧迅速熄灭。

3. 自由脱扣机构

自由脱扣机构是一个稳定的四连杆机构，是触头系统和操作传动装置之间的联系机构，其作用是使触头保持闭合或迅速断开。如图 3-18 所示。

正常触头闭合状态如图 3-18a 所示。图 3-18b 为分闸位置，由于衔铁动作，使顶杆向上逆动，撞击连杆接点，四连杆刚性连接被破坏，脱扣机构动作，使主触头断开。图 3-18c 为准备合闸位置，当脱扣后，需再次合闸时，应先将手柄向下拉，使四连杆机构成刚性连接状态，做好合闸准备。一旦需要合闸，只需将手柄往上推即可。

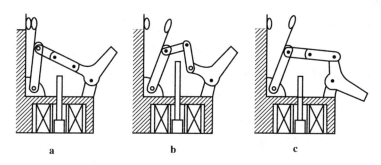

图 3-18 自由脱扣机构

a. 合闸位置　b. 分闸位置　c. 准备合闸

自由脱扣机构有三个功能：

① 将手柄或电动合闸部分的操作传递给触头系统。

② 当合闸操作完成后，维持触头系统处于接通位置。

③ 保护部分动作能够使它自由脱扣。

4. 短路（过载）、失压、分励脱扣器

见图 3-19。

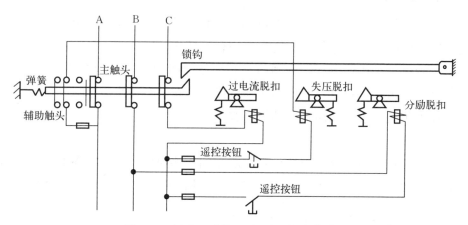

图 3-19 短路（过载）、失压、分励脱扣器

（1）失压脱扣器　失压脱扣器保证在电压降到额定电压值的 40％或以下时必须动作，使空气断路器打开，而在额定电压的 75％或以上时必须保证空气断路器可靠合闸。因此，失压保护可在额定电压的 35％～70％范围内整定。为了避免在电网电压瞬时的波动下产生误动作（如较大的异步电动机起动等），要求在欠压情况下可带有 $1\sim3\,s$ 的延时，即当电网电压降到额定电压的 35%～70%时，经与系统选择性保护相协调，延时 $1\sim3\,s$ 使开关可靠分断。

（2）**分励脱扣器**　分励脱扣器是为远距离控制断路器迅速开断电路而用的。分励脱扣线圈要在 75%～110%额定电压时能使空气断路器跳闸。

（3）**过流脱扣器**　过流脱扣器为了实现选择性的保护动作，采用了过载长延时（包括定时限和反时限两种）、短路短延时及特大短路瞬时脱扣的三段式保护特性。反时限就是指过载越多，要求开关动作时间越短；过载越小，要求开关动作时间就越长。

过流脱扣器开始动作的电流值称整定电流，它的数值是可以调整的。一般在过流脱扣器额定电流 I_e 的 $1\sim10$ 倍范围内进行整定。

过载长延时整定电流为 $1.1\sim1.5I_e$，延时为 $15\sim30\,s$。

短路短延时整定电流为 $2\sim4I_e$，延时在 $0.2\sim0.6\,s$ 内。

特大短路时的整定电流可在 $5\sim10I_e$，此时开关瞬时动作，断开时间约为 $0.1\,s$。

空气断路器的半导体脱扣器电路能实现过载长延时脱扣、短路短延时脱扣、特大短路瞬时脱扣以及欠压延时脱扣的功能。

5. 操作机构

操作机构用于控制自由脱扣机构的动作，实现触头系统的闭合或断开。自动空气断路器的操作传动机构常见的有手柄式、连杆式、电磁式、电动式等。无论哪一种操作方式，合闸前都必须使储能弹簧"储能"、使自由脱扣机构处于"再扣"位置，利用储能弹簧释放的能量实现快速合闸，合闸的时间与操作无关，仅与断路器内部机制有关。

6. 锁扣装置

在紧急情况时，尽管电器设备可能受到一些损伤，但也要强迫供电，而不希望开关动作。这时可将锁扣装置放在"扣"的位置，将脱扣器锁住。

二、DW95 主开关的工作原理

目前船上采用的空气断路器有三种传动操作方式：手柄合闸、电磁铁合闸及电动机合闸。

一般较大容量的开关是采用电合闸，以减少操作强度，并能满足自动控制和遥控操作的需要。目前，框架式自动空气断路器，采用电磁铁合闸操作机构的合闸时间一般在 0.1 s 左右；采用电动机合闸操作机构的合闸时间一般为 0.3～0.4 s。

图 3-20 是 DW95 空气断路器电磁铁合闸控制原理图。当电磁铁线圈 HQ 接通电源后，操作机构贮能弹簧贮能，为合闸做好准备。当切断电磁铁线圈 HQ 电源时，贮能弹簧立即释放能量，使操作机构完成一次合闸操作。电磁铁合闸控制原理如下：

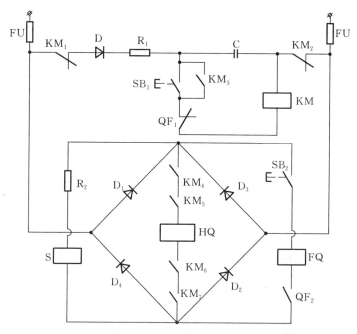

图 3-20　DW95 空气断路器电磁铁合闸控制原理

当发电机建压后，电源的一极经合闸接触器 KM 的常闭触头 KM₁ 和 KM₂、整流二极管 D、限流电阻 R₁ 对电容 C 进行充电，即做好了合闸准备。

需要合闸时就按下合闸按钮 SB₁，已充电的电容 C 通过空气断路器的常闭连锁辅助触头 QF₁ 对合闸接触器 KM 放电。KM 获电后立即动作：KM₁、KM₂ 断开，使 C 的充电回路断开；KM₃ 闭合自锁，使按钮 SB₁ 放开后，C 能经 KM₃ 继续对 KM 线圈放电；KM₄～KM₇ 闭合，使操作电源经桥式整流器 D₁～D₄ 向合闸操作电磁铁线圈 HQ 供电，电磁铁动作，将贮能弹簧拉长，进行贮能；在贮能的同时，亦供电给空气断路器脱扣器的失压线圈 S，以保证开关能可靠地闭合。由于电容 C 很快地放电，所以经过很短的一段时间后，电容 C 的电压降低到合闸接触器 KM 的释放电压，KM 释放，其常开触头 KM$_4$～KM$_7$ 打开，使电磁铁线圈 HQ 断电，贮能弹簧突然释放，使空气断路器合闸。同时触头 KM$_1$、KM$_2$ 恢复闭合，电容 C 又被充电，为下次合闸做好了准备；KM$_3$ 恢复常开状态，断开合闸回路。当开关合闸以后，因其常闭连锁辅助触头 QF$_1$ 已断开，所以此时即使再按操作按钮 SB$_1$ 也不会有任何动作，从而防止重复操作。

并联在电磁铁线圈支路右侧的为分励脱扣支路，供远距离分断开关用。它串有一对空气断路器连锁常开辅助触头 QF$_2$，当开关合闸后为闭合状态，需要远距离分断开关时，按下分励按钮 SB$_2$，分励线圈 FQ 获电，使空气断路器跳闸。同样，串辅助触头 QF$_2$ 是为了防止重复操作。分励脱扣器电磁铁，能在网络电压为 75％额定电压以上时顺利地分断空气断路器。

第五节　船舶同步发电机并联运行的条件及并车的操作方法

现代船舶大多采用交流电站，随着船舶吨位、电气化、自动化程度的提高，电站容量也日益增加。为了满足船舶供电的可靠性和经济性，一般船舶电站均配置了两台以上的同步发电机组做为主电源，并且这两台以上的发电机组可以通过公用母线向全船负荷供电，这就是通常所说的发电机并联运行。

通常有三种情况需要并车操作。一是为满足电网负荷的需求，当单机负荷达到 80％额定容量时，且负荷仍有可能增加，这时就要考虑并联另一台发电机；二是当船舶处于进出港、靠离码头或进出狭窄水道等的机动航行状态时，为了航行的安全，需要两台发电机并联运行；三是当用备用机组替换下运行供电的机组时，为了保证不中断供电，需要通过并车进行替换。

同步发电机组的并车方式分为两类：准同步方式和自同步方式。

1. 准同步并车

准同步并车方式是目前船舶上普遍采用的一种并车方式，要求待并机组和运行机组两者的电压、频率和相位都调整到十分接近的时候，才允许合上待并发电机主开关。采用这一方式进行并车引起的冲击电流、冲击转矩和母线电压的下降都很小，对电力系统不会产生不利的影响，但是，由于某种原因造成非同步并车时，则冲击电流很大。最严重时可与机端三相短路电流相同，所以并车操作应严格而细心，这是准同步并车方式的缺点。

2. 自同步并车

自同步并车较准同步并车简单，它的操作过程如下：原动机将未经励磁的发电机转速带到接近同步转速时，立即将发电机主开关合闸，并给发电机加上励磁，依靠机组间自整步作用而拉入同步，使发电机与电力系统并联运行。由于船舶电站容量的限制，船舶电力系统一般不采用自同步并车方式。因此，目前在船舶电站中看不到自同步并车方式。

目前，船上采用的并车方法主要有：①手动准同步并车，②粗同步电抗器并车，③半自动准同步并车，④自动准同步并车。

一、船舶同步发电机并联运行的特点

船舶同步发电机的并联运行，多为两台或多台同容量发电机并联。这里以两台发电机并联运行为例来分析同容量发电机并联运行的一些特点：

① 两台发电机的有功功率和无功功率总是等于负载的有功功率 P 和无功功率 Q。

② 当电网的用电负荷保持不变时，若单独增加一台发电机的输入功率，可使该发电机输出的有功功率增加；与此同时，将引起另一台并联机组输出有功功率自动减少。此外，由于输入功率的增加使转速升高，而另一台机组因输出有功功率的减少也使转速上升，结果将使电网的频率有所升高。如果单独减少一台机组输入的机械功率，则变化与上述相反。只有同时向相反方向调节两台并联机组输入功率时，才能保持电网的频率不变。

③ 单独增加一台发电机的励磁电流时，该发电机输出的无功功率增加，而另一台发电机输出的无功功率将自动减少。此外，增加励磁电流使空载电动势增大，而另一台发电机输出的无功功率减少使其去磁效应减少，两者都使电网的电压有所上升。单独减少一台发电机的励磁电流，则其变化与上述相反。只有同时反方向调节两台发电机的励磁电流，才能保持电网的电压不变。

二、船舶同步发电机并联运行的条件

1. 理想的并车条件

将一台发电机投入电网并联运行时，会产生冲击电流，所以不能随便将待并发电机的开关与电网接通，不然会导致并车失败，严重时会导致全船断电，机组也将受到电磁和机械的有害冲击。所以，要求并车时应使合闸冲击电流最小，合闸后应能很快进入同步运行。定义待并机的电压为 $u_2 = \sqrt{2}$

$U_2 \sin (\omega_1 t + \delta_2)$，运行机（或电网）的电压为 $u_1 = \sqrt{2} U_1 \sin (\omega_1 t + \delta_1)$，为此二者之间须同时满足如下列条件：

① 待并发电机的电压与电网（或运行机）电压的相序一致。

② 待并发电机的电压与电网电压的有效值相同。

③ 待并发电机的电压频率与电网电压的频率相同。

④ 待并发电机的电压相位（或初相位）与电网电压的相位一致。

在上述的四个条件中，第一条必须满足，其他条件可以允许稍有差别。一般如果不是新安装的发电机或检修后安装的发电机，第一条都是满足的，也无需检查。因此，同步发电机在进行并车操作时，就是要监测和调整待并发电机的电压、频率和相位，在满足第二、三、四条时，合上待并发电机的主开关。并车后待并发电机浮接在电网上，既不向电网提供功率，也不从电网吸收功率，其电压与电网（或运行机组）的电压完全重合，机组同步运行。

2. 实际并车条件的误差范围

实际上，由于船舶电站负载的频繁变化及并车操作人员的熟练程度不同，要做到完全满足上述三个相同的条件，达到理想的同步是不可能的，因此只能要求电压差、频率差和相位差都在一定的允许范围之内即可合闸并车。

① 两台发电机组之间的电压差不能超过额定电压的 10%。

② 两台发电机电压之间的相位差在 $\pm 15°$ 之内。

③ 两台发电机的频差控制在 ± 0.5 Hz 之内。但频差也不能太小，否则等待合闸时间过长。

发电机并车时，合闸瞬间任一条件不满足，都会在发电机组之间产生冲击电流，如果冲击电流太大，会造成并车失败，严重时会导致全船停电，甚至造成发电机组的损坏。因此，并车操作时应加以注意，尽量在满足并车条件时操作。

三、船舶同步发电机并联运行的并车与解列操作

1. 手动准同步并车

并车时检查和调整待并发电机的电压和频率，在满足前述并车条件时合闸，称为准同步并车。如果此过程是靠操作人员的观察、判断来操作完成，则称为手动准同步并车，如果此过程是靠自动装置来完成，则称为自动准同步并车。

待并发电机的电压与电网电压是否相等可通过配电板上的电压表来监测，一般来说，由于船上发电机都装有自动调压装置，电压差值都在允许范

围之内，并车时只需检查发电机是否已建立起对称的三相电压，无需进行特别调整。因此，操作的关键是要调整待并机的频率，使其满足频差和相位差的同步合闸条件，这一操作过程称为整步（或同步）。

手动准同步并车通常采用灯光法和整步表（或同步表）法来检测并车条件。

(1) 灯光法　按照指示灯的连接方式有灯光明暗法和灯光旋转法两种。

① 灯光明暗法：接线图如图 3-21 所示。三个灯泡 L_1、L_2、L_3 的两端经电压互感器分别接在待并发电机和运行发电机的对应相上，每个灯泡两端的电压就是两对应相之间的电压差值。此电压差的大小将随着时间周期性的变化，三个灯泡也将周期性地明暗。当两电压同相时，则三个同步指示灯两端的电压差均为零，灯泡熄灭，即满足并车条件。

灯泡明暗的快慢取决于两台发电机频差的大小，频差越大，则明暗得越快，反之，则越慢。调节待并发电机配电板上的调速控制开关，当灯泡 3～5 s 明暗一次时，约在接近灯暗区间的中心时合闸。

② 灯光旋转法：接线如图 3-22 所示。指示灯 L_1 两端连接在同名相上不变，指示灯 L_2、L_3 的两端接到异名相上。当两电压同相时，则同名相指示灯 L_1 两端的电压差为零，灯泡熄灭，指示灯 L_2、L_3 的两端电压大小相等，因此两个灯泡亮且亮度相同，表明满足相位并车条件。当两电压的频率和相位不相同时，则三个指示灯两端存在着大小随着时间周期性的变化的电压差，那么，三个灯泡会周期性地轮流熄灭。如果待并机的电压频率大于运行机的电压频率，形成 L_1-L_2-L_3 依次明亮的顺时针方向旋转的灯光。反之，则形成 L_1-L_3-L_2 逆时针方向旋转的灯光。

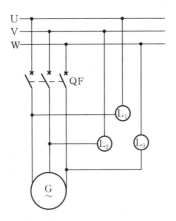

图 3-21　灯光明暗法

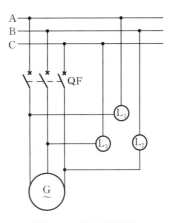

图 3-22　灯光旋转法

灯光旋转的速度取决于两台发电机频差的大小，频差越大，则旋转速度越快，反之则越慢。三盏灯旋转方向表示两台发电机频率的大小（即频差的正负）。因此，根据指示灯灯光的旋转方向和快慢，可以辨别两台发电机的频差的大小和正负。为使待并机合闸后不发生逆功率，应使待并机的频率稍高于电网频率（即正频差），通过调速控制开关调节发电机的频率使灯光向"快"（顺时针）的方向旋转，当调节到 3～5 s 旋转一周后，则等待捕捉同相位点，即同名相指示灯 L_1 最暗而 L_2、L_3 同样亮时合闸。

（2）**同步表法**　采用灯光法并车简单易行，但是灯光持续熄灭为一个暗区而不是一点，因此不易捕捉同相位点，需要由有经验的操作人员进行并车操作，否则容易出现并车失败。目前几乎所有船上均采用同步表法实现并车操作，灯光法只是作为一种备用辅助的并车方法。

图 3-23　同步表的外形

同步表（又叫整步表）的外形如图 3-23 所示。其表针旋转的快慢与频差 Δf 成正比，旋转方向决定于频差符号。当待并发电机的频率 f_2 大于电网（汇流排）频率 f_1 时，指针向快（顺时针）的方向旋转，反之，向"慢"（逆时针）的方向旋转。指针在表盘上指向的圆周角度即为待并机电压和电网电压的相位差角。通常在表盘上时钟 12 点的位置有一红色标志，当两电压同相时指针将指向红色标志，因此红色标志为同相位点。时钟 6 点处是两电压的 180°反相位点。

并车时将同步表接通开关转向待并机位置，调节机组频率，向"快"的方向以 3～5 s 旋转一周，待指针接近同相点（一般在 11 点位置）时，按下合闸按钮。同步表是按短时使用设计的，一般持续工作时间不大于 15 min，间隔为 30 min。所以，合闸后应立即断开同步表。

（3）**手动准同步并车操作**　根据交流发电机并联运行的基本工作情况，并结合实际操作经验，可以归纳出手动准同步并车操作步骤如下：

① 起动待并机的原动机。先检查起动条件：冷却水、滑油、燃油、起动气源或电源，然后起动待并发电机的原动机，使其加速到接近额定转速。

② 用电压表测待并发电机和电网的电压，观察待并机的电压，看是否接近额定电压。

③ 接通同步表。检测电网和待并发电机的差频大小和方向，并据此对待并发电机转速进行调整，使差频小于允许值。精确调节待并机的原动机转

速，使待并发电机的频率比电网频率稍高（约 0.3 Hz），此时可看到同步表的指针沿顺时针"快"方向缓慢转动，约 3 s 转动一圈。

④ 根据同步表检测相位差，在将要到达"相位一致"时将主开关合闸，提前发合闸指令的时间为主开关的固有动作时间。当同步表指针转到上方 11 点位置时，立即按下待并机的合闸按钮，此时自动空气断路器立即自动合闸，待并发电机投入电网运行。合闸后，应断开同步表的开关。

⑤ 此时待并机虽已并入电网，但从主配电板上的功率表可以看出，它尚未带负载，为此，还要调节两台发电机的调速控制旋钮，同时向相反方向调整两机组的调速开关，使刚并入的发电机加速，原运行的发电机减速，在保持汇流排频率为额定值的条件下，使两台机组均衡负荷。

⑥ 断开同步表（同步表为短时工作制，工作时间不能超过 15 min），并车完毕。

⑦ 同步发电机解列，待解列机负荷转移到并网机，负荷转移完毕（解列时功率应在 $5\% \ P_e < P \leqslant 10\% \ P_e$）。

⑧ 将待解列机分闸解列，且不会造成逆功率。

上述几个主要步骤中，准确掌握合闸的时机是并车成功的关键。

在并车过程中应注意如下几点：

① 频差不能偏大也不可太小。频差偏大，不易捕捉"同相点"；频差太小，则会拖延并车时间。

② 尽量避免逆功率。虽然不论整步表指针是向"慢"（$f_2 < f_1$）或向"快"（$f_2 > f_1$）的方向转，只要达到允许频差都可以合闸。但"慢"的方向易造成逆功率跳闸，所以最好是调节到向"快"（$f_2 > f_1$）的方向。这样，合闸后待并机就能立即分担一点负荷。

③ 按合闸按钮应有适当的提前量。并车时应考虑有适当的提前量，以保证主开关触头闭合时恰好是同相位。

④ 绝对禁止 180° 反相合闸。不能在指针转到"同相点"反方向 180° 处合闸，这时冲击电流最大，不仅可能造成合闸失败，而且还会引起供电的机组跳闸，造成全船断电。

⑤ 不能在大于允许频差时合闸。

⑥ 合闸时应避开突然扰动。

⑦ 并车完毕及时断开同步表。

2. 粗同步电抗器并车

手动准同步并车对操作要求较高，需要待并发电机起动后，再观察、调整并车的三个条件，并要把握合闸时机，全过程能否快速、准确地完成，取决于操作员的经验。如果操作不当，会产生较大的冲击电流，影响并车的成功率。为减小由于并车条件不满足而造成过大的冲击电流，有些船上采用并车条件不太苛刻的粗同步并车方法。

（1）电抗同步并车　电抗同步并车法就是先手动调节频差到达允许范围，然后可在允许相位差下将待并发电机经一电抗串联接入电网，经一段延时后待冲击电流减小或消失后（同步表指针已指向同相点不动），再将发电机组的主开关合闸，然后再将电抗器切除。这样可避免由于电压差、相位差过大而造成的巨大冲击电流。这种方法，对电压和频率的调整要求没有准同步那样高，因此操作简便、可靠。习惯上也称它为粗同步并车法。

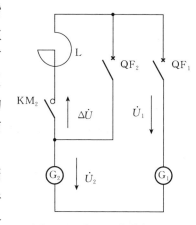

电抗同步并车原理如图 3-24 所示。当起动待并发电机 G_2 并建立电压后，检测并车条件。若满足电抗同步并车条件，则合上 KM_2，使 G_2 通过并车电抗器 L 接入电

图 3-24　电抗同步并车原理

网。由于电抗器限制了并车冲击电流，保证了投入并车的安全性。经一定时间的整步作用，再合上 QF_2，并且打开 KM_2，完成了整并车操作。

（2）半自动粗同步并车　图 3-25 是目前广泛采用的自动切除电抗器的粗同步并车电路。其工作过程如下。

假设 G_1 为正在运行的发电机，G_2 为待并发电机。手动调整待并发电机 G_2 的伺服电动机调速旋钮，将其电压、频率调整到与运行发电机比较接近时，合上同步表转换开关到 G_2 并车位：观察同步表指针，当旋转较慢且指针转到"红线"位置前一个角度时，按下并车按钮 SB_2，则接触器 KM_2 获电，其辅触头闭合自保，主触头闭合，使 G_2 通过并车电抗器 L 与电网接通；同时，时间继电器 KT_2 获电，经一定延时（延时的时间要能保证在这段时间内待并机与运行机拉入同步，一般整定为 6～8 s），其常开触头 KT_2 闭合，接通 QF_2 的合闸电路，使 QF_2 合闸，G_2 直接接入电网并联运行。与此同时，主开关 QF_2 的常闭辅触头断开，使 KM_2 失电，从而使电抗器自动

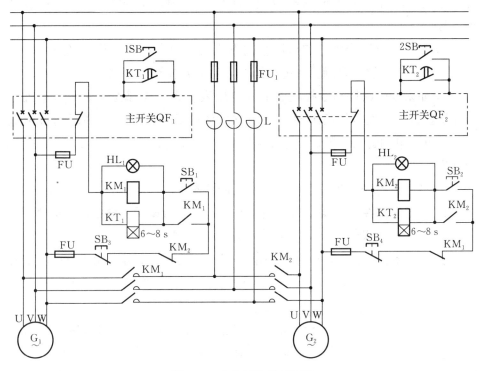

图 3-25 电抗同步并车原理

切除，KT₂ 也失电复位，整个电抗同步并车完毕。

电抗同步装置预调简单，无需担心误合闸，可在电网的电压和频率有较大波动（$\Delta U < 10\% U_N$，$\Delta f < 1.0\ Hz$）且相角差 $\delta < 180°$ 时均可合闸，这种装置放宽了对准同步并车的条件，提高了并车的成功率。

串联电抗器接通电网的电流通常被限制在额定电流的 1.2～1.4 倍，既保证发电机不受损害又要使发电机能迅速被拉入同步。并车电抗器普遍采用短时工作制的空心电抗器，并车后应注意切除。它的作用是限制并车条件放宽后可能出现的最大并车冲击电流。因此，该电抗器必须有较大的电抗值，而且在通过大电流的条件下，磁路不饱和、电抗值稳定不变。采用一般的铁心线圈结构不能满足这个要求，所以电抗器设计为空心线圈形式。

四、船舶同步发电机主开关跳闸的应急处理

1. 常规电站单机运行时跳闸电网失电的应急处理

① 单机运行发电机运行时跳闸应根据配电屏或主控台上闪光报警指示

灯或参数来判断跳闸故障，查看发生跳闸机组控制屏上的电压表和频率表是否正常。

② 正常进行试合闸；如果试合闸不成功，确实无法判断故障原因，则起动其他备用机组，合闸投入电网运行，然后查找跳闸原因。

③ 如果发生跳闸机组控制屏上的电压表和频率表都为零或是原动机已经停机，说明是发电机组出现了机械方面的故障，这时要立刻起动备用机组，并投入电网运行。然后结合报警指示灯来判断具体故障原因，进行检修和维护。

④ 最后把检修好的发电机设置在备用状态。

2. 常规电站在并车操作时发生主开关跳闸导致电网失电的应急处理

① 由于并车操作不当，发电机主开关短路跳闸保护或逆功率保护跳闸时，复位过流继电器、复位逆功率继电器（若没有，则不需要）。一切正常后，合上任一台机组的主开关，然后按功率大小及重要性逐级起动各类负载。待发电机带上相当负荷后再次并车。

② 如果是两台或是多台发电机并联运行时有一台发电机跳闸，则需要检查运行机组的功率。如未过载，则刚才的跳闸是允许的。如过载或重载，应马上切除一些次要负载，在进行并车操作后，再将切除的一些次要负载恢复供电。其原则是，保证供电的连续性，再查找排除故障。

第六节　船舶同步发电机频率及有功功率自动调整

当电网频率低于额定值时，泵和风机电动机的转速下降；当高于额定值时，电动机容易变成过载运行。更为严重的是几台发电机并联工作时，当各机组的频率波动时，将引起各机组有功功率分配不均匀，导致有的机组过载，有的机组转入电动机状态工作，即发生逆功率的情况。最后引起保护装置动作，使主开关跳闸。

根据上述情况，正常工作时需要经常调整船舶发电机的原动机转速，以保持电网频率的恒定和各发电机按比例（当容量不相等时）或均匀（当同容量时）分配有功负载，特别是各原动机调速特性相差较大或者不稳定时。为了减轻船员的劳动强度，提高供电的质量，船舶电站中设置了自动调频调载装置（简称频载调节器）。

由于频载调节归根到底是调节原动机的转速，使频率或相位角变化，所以自动调频调载装置与调速系统相似，但是它的控制信号是频率差与功率差的合成信号，合成信号经放大、判别（增减速判别、偏差判别）后控制伺服电动机，以调节原动机的油门开度来调速。

因为原动机本身都具有调速器，频载调节器只起辅助调节作用，所以它不需要迅速反应和频繁的动作（伺服电动机是短时工作制的，不允许长期工作），只需要在调速器动作之后仍有偏差时，再进行调节。对于起货电动机的频繁起动、正反转、停止所引起的电网频率波动，频载调节器不参加调节。

从上述分析可知，频率的调整实际上是对原动机转速的调整。

为了限制不合理的工作状态，我国《钢质海洋渔船建造规范》规定原动机的调速特性为："当突然卸去额定负荷时，其瞬时调速率不大于 10%；稳定调速率不大于 5%。当在空负荷状态下突然加上 50% 额定负荷，稳定后再加上余下的 50% 负荷时，其瞬时调速率不大于标定转速的 10%；稳定调速率不大于标定转速的 5%；稳定时间（即转速恢复到波动率为 ±1% 范围的时间）不超过 5 s。"

发电机输出的有功功率是由原动机的机械功率转化来的。随着负载的变化需要经常调整原动机的转速，以保持电网频率的恒定。对并联运行的发电机，改变发电机间的有功功率分配，是通过改变各台发电机原动机的油门大小，即单位时间内进入汽缸的燃油量来实现的。柴油机喷油量的大小，决定着柴油机在一定转速下的输出功率。换句话说，单机运行时，发电机的某一转速（频率）对应输出某一有功功率；对并联运行的发电机，某一频率对应着各发电机输出的功率。所以，并联机组有功功率分配与电力系统的频率调整密切相关。

为了提高船舶电力系统运行的可靠性和经济性，往往要求几台发电机并联运行。当几台发电机组并联运行时，要求原动机的调速特性尽可能一致，以保证有功功率根据发电机额定容量而按比例地分配。

我国《钢质海洋渔船建造规范》对并联运行的各交流发电机组的有功功率的分配要求为：

并联运行的各交流发电机组均应能稳定运行，且当负载在总额定功率的 20%～100% 范围内变化时，各机组所承担的有功负载与总负载按机组定额比例分配值之差，应不超过下列数值中的较小者：① 最大机组额定有功功率的 ±15%，② 各个机组额定有功功率的 ±25%。

频率调整和机组间的有功功率分配联系密切。在船舶电力系统中，频率调整及有功功率分配可以由原动机的调速器和自动调频调载装置来实现。

一、船舶同步发电机调速器及调速特性

调速器的种类很多，现仅以柴油机常用的离心式调速器为例来说明其工作原理及特性。它是基于离心力的原理而制成的。其结构原理如图 3-26 所示。

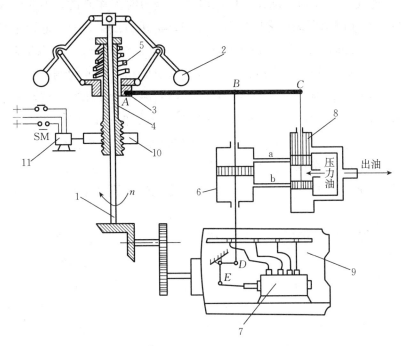

图 3-26 离心式调速器原理

1. 竖轴 2. 离心飞锤 3. 连接器 4. 套筒 5. 弹簧 6. 油压缸
7. 燃油泵 8. 配压阀 9. 柴油机 10. 蜗轮蜗杆 11. 伺服电动机

调速器的竖轴 1 通过齿轮传动装置与柴油机 9 的轴连接。当柴油机转动时，轴 1 带动球状的（或其他形状的）离心飞锤 2 一起转动。飞锤 2 与杠杆系统连接器 3 连接在一起，穿过连接器的套筒 4 把弹簧 5 压在连接器上。改变套筒 4 的高度，就改变了弹簧 5 的长度，相应于调节弹簧对连接器的压力，所以套筒和弹簧是一个转速整定装置。在套筒位置不变，弹簧压力一定的情况下，柴油机转速越高，飞锤的离心力越大，连接器的位置越高；反之，转速越低，连接器位置就越低。因此，柴油机的转速都与连接器的位置是一一对应的。

连接器 3 上固定着滑动杠杆 ABC，杠杆的 B 端接在油压缸 6 的活塞上，活塞的另一头，通过直角杠杆 DE 接到控制燃油泵 7 的阀门拉杆上，ABC 杠杆的另一头 C 与配压阀 8 的活塞相接。当柴油机转速正常时，配压阀的活

塞堵住了管 a 和管 b 的通道，因此高压油不能进入油压缸 6，油压缸活塞不会移动，柴油机燃油的输入量不会改变。不难看出，只要配压阀活塞（即 C 点）保持不变，柴油机就在给定的转速下运行。

设柴油机在负荷为 P_1 时，调速器杠杆的位置为 $A_1B_1C_1$，如图 3-27 的位置①。当负荷由 P_1 增加到 $P_2 = P_1 + \Delta P$ 时，则柴油机转速因能量输入不足而降低，飞锤的离心力减小，连接器的位置从 A_1 点下降到 A' 点。由于油的不可压缩性，此时杠杆的 B_1 点是不动的，而配压阀活塞上移，C_1 点提升到 C' 点的位置（图 3-27 的位置②），这就打开了配压阀上的 a 管和 b 管的通道。具有一定压力的油从 a 管流入油压缸活塞的上部，活塞下部的油通过 b 管便从配压阀排出。活塞在油压的作用下向下移动，一方面使杠杆 B 点下降，另一方面带动直角杠杆 DE，拉动燃油泵的拉杆，使油门加大。这时进入柴油机气缸的燃油也增加，输入柴油机能量增大，柴油机的转速开始升高，连接器 3 上升，即 A' 点上升，但由于这时 B_1 点在下降，因此使配压阀的 C' 点向下运动。当配压阀的活塞完全回到原来位置 C_1 点时，a、b 两管又被堵住，油压缸活塞停止运动，于是调速器工作在新的稳定平衡状态。此时 C_1 点位置与原来位置没有变化，而 B_1 点移到 B_2，A_1 点则移到 A_2 点，杠杆处于新的平衡位置 $A_2B_2C_1$（图 3-27 中③的位置）。

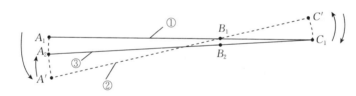

图 3-27　调速器杠杆动作过程

从上图中可看出，在新的稳定平衡状态下，柴油机承担负荷增大，进油量也增加，但转速却下降了。所以这种调速器的调速性能是有差的。

同理，当柴油机负荷减少时，调速器的动作过程与此相反。

我们把柴油机转速 n（或者电网频率 f）与柴油机输出功率的关系称为调速特性。如果转速（或频率）与输出功率的大小无关，则称为无差调速特性（图 3-28 曲线①）。若转速（或频率）

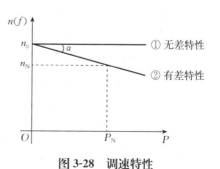

图 3-28　调速特性

随柴油机输出功率增加而降低，则称为有差调速特性（图 3-28 曲线②）。

调速特性一般用调差系数 K_C 来表示：

$$K_C = -\frac{\Delta n}{\Delta P} = -\frac{\Delta f}{\Delta P} = \frac{n_0 - n_N}{P_N} = \tan\alpha \tag{3-5}$$

二、频率的调整

为了方便对频率调整的理解，本节仅讨论发电机单机运行时频率的调整。

当柴油机输出功率变化时，依靠调速器的固有调速特性自动改变油门的开度。实现转速与功率平衡的调节过程通常称为转速（频率）的一次调节。

对有差调速特性的调速器来说，功率变化时仅靠调速器的一次调节不能维持频率不变，为此必须进行二次调节。

所谓调速器二次调节是通过手动或自动频载调节器，控制伺服电动机的正、反转，改变调速器弹簧的压力，使调速特性上下平移，实现频率和机组功率分配的调节过程。

图 3-26 中套筒 4 通过蜗轮蜗杆由伺服电动机 SM 进行控制。转动伺服电动机 SM，便可以改变套筒 4 的上下位置，亦即改变弹簧对连接器压力的大小。前面已讲过，当套筒位置不变、弹簧压力为一定时，可得出一条转速 n（或频率 f）与输出功率 P 的关系曲线。也就是说只要改变套筒的上下位置，弹簧压力的大小就改变，就可以实现调速特性上下平移（图 3-29 的①、②、③曲线）。

伺服电动机 SM 的控制，可以是手动的，也可以是自动的。

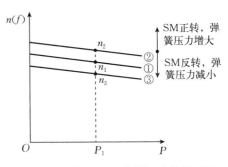

图 3-29 弹簧压力改变使调速特性平行

下面讨论单机运行时，手动调频的情况。如图 3-30 所示，假设当发电机运行于特性曲线①时，负载功率为 P_0，此时频率为额定值 f_N，如图 3-30 中的 A 点。若负载增加到 P_1，此时，因发电机组的输出功率小于负载功率（$P_0 < P_1$），机组要减速，同时在调速器作用下，柴油机的油门开大，机组输出功率增大，满足功率平衡。动态过程中机组特性曲线①中的 A 点变化到 B 点，这时，对应的频率将为 f_1（$< f_N$）。为了保持频率额定，必须通过

二次调节，增加调速器弹簧的预紧力，加大油门，将特性曲线平移抬高到特性曲线②；由于惯性，当机组频率还没有来得及改变时，其频率仍为 f_1，但这时机组已运行于特性曲线②上的 C 点，此时，对应于机组输出功率为 P_2，且 $P_2 > P_1$，剩余的功率使机组加速，沿曲线②上行，即频率由 f_1 上升，剩余功率逐渐减少，最后将

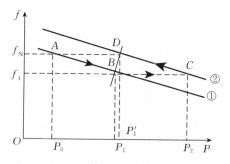

图 3-30　单机运行频率的调整

达到功率平衡点 D 处才稳定。其对应于频率 f_N 和功率 P'_1（因频率上升使负载从电网吸收的总功率也增加，$P'_1 > P_1$）。

三、并联同步发电机组有功功率转移与分配

1. 并联运行发电机之间有功功率的转移

现以两台机组并联运行为例来分析其有功功率的转移、分配及频率的调节。

假设电网上已有 1 号发电机组带着负荷运行，现在将 2 号发电机组并入运行，但尚未带上负荷。为了使 2 号机组带上负荷，则必须在维持电网电压和频率不变的情况下，将 1 号机组的负载转移一部分给 2 号机组。在负载转移的过程中，维持电网电压恒定以及无功负载转移是由自动励磁调整器来保证的。而维持电网频率恒定以及有功功率转移则是借助于改变调速器套筒的位置（即弹簧的压力）来实现的。

在转移有功功率时，操作人员同时手动调节两台发电机原动机的调速电动机，使 2 号机原动机喷油量加大，以增加 2 号机承担的负载，同时使 1 号机的原动机喷油量减少，以减少 1 号机组承担的负载，这就是说通过调速电动机，来调整调速器套筒的位置，使调速特性平行上下移动，从而实现有功功率的分配及频率的整定。

2. 并联运行发电机之间有功功率的分配

并联运行发电机组之间有功功率能否自动地、稳定地按容量比例合理分配，与并联机组的调速器的调速特性有关。要保证并联运行的稳定必须使功率分配稳定。要使功率分配稳定，两并联机组的调速特性必须是有差特性。要使并联机组在任意负载下都能稳定地按容量比例自动分

配功率，则不仅是有差特性而且特性曲线的下降斜率（即调差系数 K_C）也要一致。

一般来说，若调速器选配恰当，在调速器自动调节（一次调节）下，功率分配的静态误差和频率的静态误差不会太大，否则就加装自动调频调载装置进行二次调节。

四、自动调频调载装置

1. 自动调频调载装置的基本功能

频率自动调整和有功功率的自动分配是船舶电力系统自动化不可缺少的环节。通常我们把执行频率和有功功率自动调整任务的装置称为自动调频调载装置。它的基本功能有：① 能自动维持电力系统频率为额定值。② 能按参与并联运行各机组的容量以既定比例或其他既定自动方式控制负荷分配。③ 接受到"解列"指令时，能自动控制负荷转移，待其负荷接近零时，才使其发电机主开关自动跳闸，与电网脱离。

2. 自动调频调载装置的构成和工作原理

频率及有功功率自动调整装置（简称调频调载装置）是协助原动机调速器自动地保持电网频率为额定值，维持并联运行发电机之间有功功率均匀（或按发电机容量比例）分配的一种自动化装置。同时，它可以与自动并车装置配合使用，以实现对待并发电机的频率调节，创造同步合闸的条件，并在同步投入之后，能使运行机组负载自动转移。

自动调频调载装置一般有频率检测、有功功率检测、运算环节（有功功率分配器）、调整器四个组成部分。其方框图如图 3-31 所示。其基本原理是通过频率检测环节和有功功率检测环节，把汇流排频率变化及各机组承担有功功率转换成电压（或电流）信号，并送入到运算环节进行运算，根据频率偏差和有功功率分配的偏差而向调整器发出信号，控制执行机构，自动调节原动机的油门，从而使电网频率维持在额定值和各机组间有功功率均匀（或按发电机容量比例）分配。

自动调频调载装置实质上就是根据恒频和按比例分配有功负载的要求对调速器实现调整的自动装置。它只能根据频率和功率分配的静态误差来调整。在并联运行负载经常突变的情况下（如起货机工作时），各发电机原动机调速器都在紧张地工作，力图按照各自的动态特性使发电机组恢复稳定，但是各机组的动态特性相差较大。因此，在动态过程中，频率和功率分配必

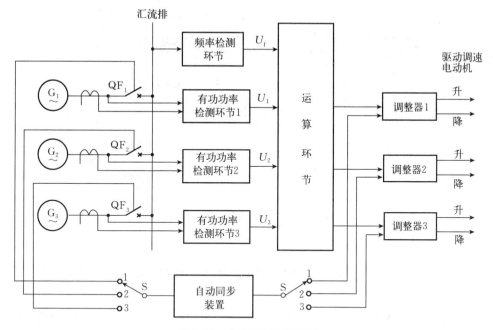

图 3-31　自动调频调载装置

定变化较大，在这过渡期内，自动调频调载装置不宜介入，以免打乱调速器的正常工作。当动态过程结束，系统稳定后，由于调整器的有差特性及其不一致等原因，系统的频率和功率分配就会出现静态误差，自动调频调载装置只是根据这个静态误差来进行调整。为了使装置避开动态过程，一般采用延时来实现。当负载频繁变动时，为避免装置频繁动作，甚至出现乱调（振荡），一般则将该装置切除。

在加装自动调频调载装置后，频率恒定与功率分配的均匀度都有保证，但是静态指标要求高了，调节就频繁，对伺服机构不利。因此加装自动调频调载装置后一般只要求功率分配之差在各发电机额定容量的±10％以内，频率差在±0.5 Hz以内。

五、自动分级卸载

自动分级卸载保护装置是一种发电机过载保护装置。当发电机出现过载时，自动卸载装置动作，将部分次要负载自动切除，以保护发电机正常工作，并保证重要负载不间断供电。它是提高供电能力的一种有效措施，图3-32为一种自动分级卸载装置（ZFX－1型）的原理框图。

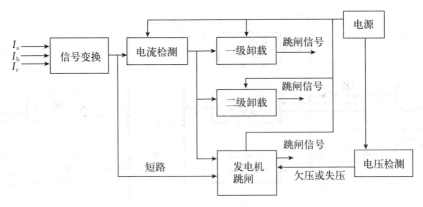

图 3-32　ZFX-1 型自动分级卸载装置原理

第七节　船舶同步发电机电压与无功功率自动调整

维持供电电压的稳定是保证供电质量的主要措施之一。而电压是否稳定取决于发电机的自动励磁调整装置（自动电压调节器）性能。

励磁控制系统是发电机的重要组成部分，它的主要任务是根据发电机的各种运行状态，向发电机的励磁系统提供一个可调的直流电流，以稳定发电机的输出电压。性能优良、可靠性高的励磁系统是保证发电机安全发电、提高电力系统稳定性所必需的。

引起电网电压波动的主要原因是负载变动。负载电流幅值变化或负载性质变化都将引起发电机端电压的变化。

同步发电机的电压从空载到满载其稳态电压变化率可达 20%～40%，特别是较大容量的电感性负载的投入（如压缩机的起动）和切除所引起的动态电压波动幅度更大，这都严重影响用电设备的正常工作，甚至无法正常工作。因此，作为船舶交流主发电机必须设有维持电压恒定的自动调节装置。

因为电压和无功功率的自动调整都要调整发电机的励磁电流，所以励磁自动调整装置又称自动电压调整装置。

一、自励恒压装置的作用、基本要求和分类

1. 自励恒压装置的作用

为了维持发电机的端电压几乎不变，发电机的励磁电流必须适时地做相

应的调整。这一任务由励磁自动调整装置来完成。

为了提高电站供电的可靠性和经济性，一般船舶电站根据不同工况，合理地将数台发电机组并联运行。为使发电机组并联运行稳定，各发电机间无功功率就必须合理地进行分配。这一任务亦由励磁自动调整装置来完成。

在船舶电网发生短路故障时，为提高船舶电力系统的稳定性和某些保护继电器动作的可靠性，亦需要励磁系统适时地进行强行励磁。

综上所述，励磁自动调整的任务可归纳为以下几点。

① 在船舶电力系统正常运行工况下，维持电网电压在某一容许范围内。

② 在船舶发电机并联运行时，使发电机间无功功率分配合理。

③ 在船舶电网短路故障时，提高电力系统的稳定性和继电器保护装置动作的可靠性。

④ 提高电力系统同步发电机并联运行的静态稳定性。

⑤ 在事故情况下，实行强行励磁，以快速励磁方法提高发电机的动态稳定性。

⑥ 加速电网短路后的电压恢复，提高电动机运行的稳定性和改善电动机自起动条件。

⑦ 提高在故障时具有时限的继电保护装置动作的正确性。

⑧ 当并联运行中一台发电机失磁时，可使其短时间内异步运行。

⑨ 使并车操作易于进行、速度加快等。

2. 自励恒压装置的基本要求

负载变动时，自励恒压装置维持电压恒定有一个调整过程，如图 3-33 所示。为了保证供电质量，自励恒压装置应满足以下要求。

（1）静态电压调整率　当负载在一定范围内变化时，在不同的负载下，调压器应保证稳定状态时的电压在允许的范围内。

当负载变化或由于其他原因引起发电机端电压发生波动时，自动调压装置应能及时而又恰如其分地调节励磁电流，以保证发

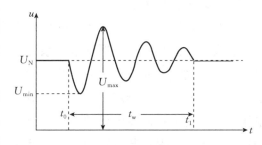

图 3-33　电压调整过程曲线

电机电压的波动在允许的范围之内。这个静态指标，用静态电压调整率 ΔU_W 来衡量。即：

$$\Delta U_W = \frac{U_W - U_N}{U_N} \times 100\% \qquad (3\text{-}6)$$

式中　U_N——发电机的额定电压（V）；

$\qquad U_W$——发电机在规定的负载变化范围内端电压的稳态最大值 U_{max} 或最小值 U_{min}。取偏离 U_N 的绝对值较大的值（V）。

我国《钢质海洋渔船建造规范》规定：原动机驱动的交流发电机连同其励磁系统，应能在负载自空载至额定负载范围内，且在功率因数为额定值的情况下，保持其稳态电压的变化值在额定电压的 $\pm2.5\%$ 以内，应急发电机可允许为 $\pm3.5\%$ 以内。

（2）动态电压调整率　当投入或切除大容量电感性负载时，自动调压装置应能保证发电机的瞬时电压波动以及恢复至稳定值的时间在允许的范围之内。电压波动恢复时间是指负载突变时，从电压发生波动开始到电压恢复到稳定值的一定容许差值范围内所需要的时间。这个动态指标，用瞬态电压调整率 ΔU_S 和电压恢复时间 t_W 来衡量：

$$\Delta U_S = \frac{U_{min}\ (U_{max})\ - U_N}{U_N} \times 100\% \qquad (3\text{-}7)$$

我国《钢质海洋渔船建造规范》规定：交流发电机在负载为空载，转速为额定转速，电压接近额定值的状态下，突加和突卸 60% 额定电流及功率因数不超过 0.4（滞后）的对称负载时，当电压跌落时，其瞬态电压值应不低于额定电压的 85%；当电压上升时，其瞬态电压值应不超过额定电压的 120%，且电压恢复到与最后稳定值相差 3% 以内所需时间不应超过 $1.5\,s$。交流发电机的空载线电压波形正弦性畸变率应不超过 5%，但容量小于 $24\,kW$ 的发电机可以除外。

（3）强行励磁　当电力系统的负载突然有很大的增加或出现短路时，电压将会突然下降很大。为保证电力系统能够可靠、稳定地运行或使选择性保护装置准确动作，要求自动调压装置能迅速作出反应，在最短的时间内，把励磁电流升高至超过额定状态的最大值，即有足够的强行励磁能力，以提高电压的上升速度；使发电机的电压迅速得到恢复，或在短路时产生一定数值的短路电流，使保护装置准确动作，且在短路故障消除后，发电机的电压能够迅速回升。对此，根据规定：当接线端在三相短路时，稳态短路电流应不小于 3 倍也不大于 8 倍的额定电流，发电机及其励磁机必须能承受此稳态短路电流 2 s 而无损坏。

（4）合理分配发电机的无功功率　当两台发电机并联运行时，为了保证并联发电机运行的稳定性和经济性，自动调压装置应能保证无功功率按发电机各自的容量比例进行分配，以防止个别机组出现电流过载的现象。

我国《钢质海洋渔船建造规范》规定，并联运行的交流发电机组，当负载在总额定功率的 20%～100% 范围内变化时，各机组所承担的无功负载与总无功负载按机组定额比例分配值之差，应不超过下列数值中的较小者：① 最大机组额定无功功率的 ±10%；② 最小机组额定无功功率的 ±25%。

3. 自励恒压装置的分类

（1）**按发电机电压偏差 ΔU 调节**　发电机在运行中，由于某种原因使得发电机输出电压与给定的电压出现偏差 ΔU 时，调节器将根据偏差电压的大小和极性输出校正信号，对发电机励磁电流进行调节。由于被检测量和被调量都是发电机端电压，恒压装置与发电机构成一个闭环调节系统，稳态特性比较好，静态电压调整率一般均在 ±1% 以内。晶闸管自励恒压装置属于这种类型。

（2）**按负载电流 I 和功率因数 $\cos\varphi$ 调节**　发电机电压的波动，是由于负荷的变化或故障所引起。如果被测量是发电机的负载电流 I 及功率因数 $\cos\varphi$，再经调压器去调节励磁电流来稳定发电机电压。这时被测量和被调量不同，故构成一个开环调节系统，静态特性比较差，但动态特性较好。不可控相复励自励恒压装置属于这种类型。

（3）**按 I 和 $\cos\varphi$ 及 ΔU_f 调节**　这类复合调节是将上述两种调压方式结合在一起，它是在按负载调节的基础上采用自动电压调节器（AVR）。静态和动态特性都比较好，是一种较理想的励磁调节装置。可控相复励自励恒压装置属于这种类型。

目前主要采用的类型有：不可控相复励自励恒压励磁装置、可控相复励自励恒压励磁装置、晶闸管自励恒压励磁装置、无刷同步发电机励磁系统。

二、不可控相复励自励恒压装置

1. 自励同步发电机自励起压基本原理

同步发电机按其励磁方式可分为他励和自励两大类。

他励同步发电机的励磁电流是由同步发电机本身之外的单独电源供电，

通常是由一小容量的同轴励磁机供电。目前在船舶中普遍使用的是带交流励磁机，经过旋转整流桥的他励发电机励磁控制系统，称为无刷同步发电机励磁控制系统，如图 3-34 所示。

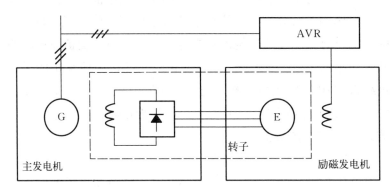

图 3-34　无刷同步发电机励磁控制系统原理

自励恒压同步发电机是船舶上广泛使用的交流发电机。这种同步发电机的励磁电流不是由专门的直流励磁机供给，而是由同步发电机本身输出电流的一部分，经过适当的变换后供给的。这类同步发电机统称为自励恒压同步发电机。根据负载电流的大小及电流相位共同对发电机励磁进行调整的同步发电机称为相复励自励恒压同步发电机。

下面我们讨论自励恒压同步发电机是怎样实现自励起压的？为了保证自励起压可采取哪些措施？

同步发电机采用自励起压时，其起压过程示意图如图 3-35 所示。

同步发电机的自励是一种内反馈，整个系统并无外来输入量。在发电机的磁极上存在剩磁的条件下，当其转子即磁极以额定转速旋转时，在定子绕组中感应出具有额定频率的交流剩磁电势。这个剩磁电势经整流后加在励磁绕组上，励

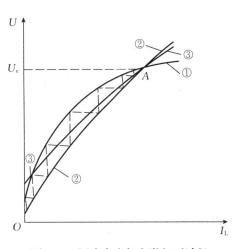

图 3-35　同步发电机自激起压过程

磁绕组内将通过不大的励磁电流，在发电机磁路中建立磁势，这样系统的输出量返回到输入端，如果磁化方向与剩磁方向相同，就可使气隙磁场得

到加强，由它感应产生的电势得以升高，从而增大整个系统的输出量——电枢端电压。由于整流装置交流侧励磁电压就是电枢端电压，因此，气隙磁场更得到增强，这样反复上升，如图 3-35 中虚线所示，直到端电压达到 U_e 时，励磁电流 I_L 不再增大，电压不再上升为止，此时已建立起额定电压 U_e。

图 3-35 中曲线①为发电机的空载特性，即在一定的励磁电流下发电机能产生多大空载电势的曲线。曲线②为场阻线，即在给定的励磁回路电阻条件下，一定的发电机端电压 U 将产生多少励磁电流 I_L 的关系曲线。曲线③为采用硒整流器时的场阻线，可以看出，其初始电压高于发电机的空载特性的初始点，此时发电机就不能自激。

同步发电机自励起压过程是一种正反馈过程，整个过程并无外来输入量。要完成自励起压，必须具备下列条件：

① 发电机必须有足够的剩磁，这是自励的必要条件。新造的发电机无剩磁，长期不运行的发电机剩磁也会消失，这时可用其他直流电源进行充磁。

② 要使自励过程构成正反馈，由剩磁电势所产生的电流建立的励磁磁势必须与剩磁方向相同。所以整流装置直流侧的极性与励磁绕组所要求的极性必须一致。

③ 发电机的空载特性曲线与励磁特性曲线必须有确定的交点 A，使正反馈稳定在这一点上，这个交点的纵坐标就是发电机的空载电压值。

为了保证同步发电机自激起压，须采用下列措施：

① 提高发电机的剩磁电压（加恒磁插片或用蓄电池临时充磁）。

② 减小励磁回路电阻（用锗或硅整流器代替硒整流器或用谐振法临时减小励磁电路阻抗）。

③ 利用复励电流帮助起压（在起压时临时短接一下主电路，利用短路产生的复励电流帮助起压）。

2. 不可控相复励恒压的基本原理

为讨论方便起见，我们将相复励自励恒压同步发电机的励磁装置部分与同步发电机本体分开，把励磁装置部分称为相复励自励恒压装置，并把带有自动电压调整器的励磁装置称为可控相复励自励恒压装置，把不带自动电压调整器的励磁装置称为不可控相复励自励恒压装置。下面先讨论不可控相复励自励恒压装置。

既反映电流的大小，也能反映电流的相位的线路称为相位复励线路，简称相复励线路。

不可控相复励调压装置中有电压和电流源两个励磁分量，并在整流前的交流侧进行向量合成。电压分量和电流分量在交流侧相加常用的有三种方法：① 电流相加，② 电势相加，③ 电磁相加。它们的单线原理图如图 3-36 所示，图中 G 为发电机，L 为发电机转子励磁线圈，ZL 为整流二极管，TA 为电流互感器，DK 为变压器，LH 为电抗器，BF 为复励变压器。电势相加线路应用很少，所以下面仅以电流相加和电磁相加线路为例来说明相补偿的原理。

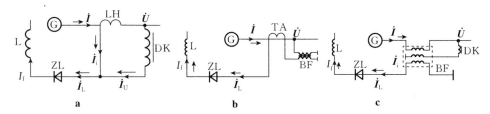

图 3-36 不可控相复励系统的单线原理

a. 电流叠加相复励调压 b. 电势叠加相复励 c. 电磁叠加相复励

对同步发电机来说，引起发电机输出电压变化的原因不仅与发电机输出电流的大小有关，还与负载电流的相位（功率因数）有关。这种按负载电流、端电压以及它们的相位关系来进行调整的自励方式称为相复励。因此，为维持交流同步发电机的输出电压恒定，就必须按发电机调节特性进行励磁。相复励装置虽然不能完全准确地按调节特性调节励磁，但它符合调节特性的规律，是按电流的大小及相位进行补偿的。

相复励自励恒压装置的类型较多，通常可归纳为三种方式，即按电流叠加的相复励、按电磁叠加的相复励及按电势叠加的相复励。

（1）电流叠加相复励自励恒压装置 对称三相电流叠加相复励自励恒压装置如图 3-37 所示。图 3-37 中，G 为同步发电机，L 为同步发电机的励磁绕组，TA 为电流互感器，P_L 为移相电抗器，V_C 为二极管三相整流器。

主要元件及其作用：

① TA（电流互感器）。其原、副边皆有抽头可调，调整匝数可改变复励电流分量 $\dot{I}_i$ 的大小，以整定发电机电压 $\dot{U}_G$。

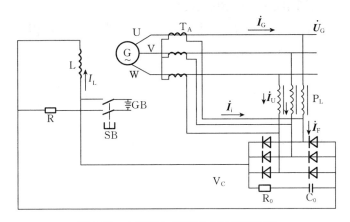

图 3-37　电流叠加相复励自励恒压装置

② P_L（移相电抗器）。P_L 是一个具有气隙的三相铁心电抗器，并且线圈具有抽头，调节气隙大小或线圈匝数，可改变电抗值大小，以改变 $\dot{I}_U$ 之大小，整定空载电压 $\dot{U}_{G0}$。

移相电抗器具有移相和复励的作用，没有它就起不到复励和相位补偿作用。因而电抗器是实现相复励不可缺少的关键部件。电抗器是一三相铁心线圈，为了使电抗器为一线性元件，通常将其做成带气隙的铁心线圈，以使磁路不饱和及电抗值稳定，因此又称为线性电抗器。通过调节气隙可整定发电机的空载额定电压。

③ V_C（三相整流器）。将交流侧合成电流 $\dot{I}_F = \dot{I}_i + \dot{I}_U$，整流成直流励磁电流 I_L，供励磁绕组 L 励磁。直流侧并联的 R_0、C_0 是 V_C 的过电压保护元件。

④ SB（充磁按钮）、GB（蓄电池）和 R（限流电阻）共同组成充磁环节。当发电机剩磁不足时，按此按钮，对磁极进行充磁，使发电机能自励起压。

电流叠加相复励恒压装置电路比较简单，但是对于励磁绕组电压较低的同步发电机，必须增设降压变压器，以便把端电压降低供励磁用。电磁叠加相复励恒压装置，在励磁绕组电压较低的条件下具有一定的优势。线路只用一个变压器，输入和输出绕组共用同一铁心，就可实现励磁电流的叠加，并获得合适的输出电压与励磁绕组匹配，显得既简单而又经济。

（2）电磁叠加相复励自励恒压装置

① 三绕组谐振式相复励自励恒压装置：三绕组谐振式相复励自励恒压装置是采用谐振法确保起压的电磁相加相复励调压装置中的一种典型线路。如图 3-38 所示，它由下列元件组成：三相三绕组复励变压器 TC，其中 W_1 为电压绕组，与 L 串联后接发电机端电压，引入自励分量；W_3 为电流绕组，串接发电机主回路中，负载电流直接流过该绕组，引入复励分量；W_2 为输出绕组，将 W_1 和 W_3 中两个分量进行电磁叠加（磁势叠加）后供 V_C 整流以输出励磁电流；三相移相电抗器 L；三相谐振电容器 C；三相桥式硅整流器 V_C 及其保护用电阻 R_0 和电容 C_0。

由图 3-38 中看出，发电机的励磁电流 I_L 也是从两个方面得到的：一是发电机的端电压经电抗器 L 对复励变压器 TC 的电压绕组 W_1 供电，产生交变磁通使输出绕组 W_2 感生电势，再经三相桥式整流器 V_C 整流后供给的；另一是发电机的负载电流流经电流绕组 W_3 而产生交变磁通，也使 W_2 感应产生电势，经 V_C 整流后供给的。

因此，励磁的电压分量与电流分量是转化为磁通叠加

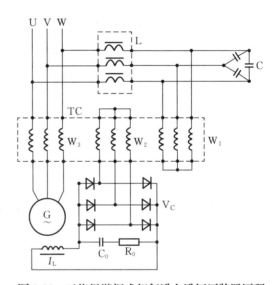

图 3-38 三绕组谐振式相复励自励恒压装置原理

的。前者为发电机的空载励磁电流，相当于直流发电机的并激（自激）电流；后者为发电机负载附加的励磁电流，相当于直流发电机的串激分量。这种同步发电机的转子励磁由定子电路经整流元件供给并维持端电压恒定的装置称为自激恒压励磁装置。

② 四绕组（带电压曲折绕组）谐振式相复励自励恒压装置：为了改善励磁系统的静态电压变化率，可以采用带电压绕组（或电流绕组）曲折连接的方案，因比上面的线路多了一个绕组，所以叫四绕组（带电压曲折绕组）谐振式相复励自励恒压装置。这种线路简单可靠，静态电压变化率达 1%，已超我国《钢质海洋渔船建造规范》的要求（±2.5%），稳定性更好，因此

被广泛用作主发电机的励磁系统。

图 3-39 为四绕组（带电压曲折绕组）谐振式相复励自励恒压装置的原理图。

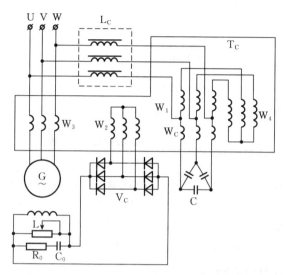

图 3-39　四绕组（带电压曲折绕组）谐振式相复励自励恒压装置的原理

图 3-39 较图 3-38 增加了一个电压绕组 W_4 和一个电容绕组 W_C，图 3-39 中各绕组分 U、V、W 三相的三个线圈，在图中自左至右按 U、V、W 顺序排列，各绕组的同一相（如 U 相）线圈都绕在三相变压器的同一条腿上。由图 3-39 可以看出，W_1 绕组的 U 相线圈与 W_4 绕组的 V 相线圈反向串联；W_1 绕组的 V 相线圈与 W_4 绕组的 W 相线圈反向串联；W_1 绕组的 W 相线圈与 W_4 绕组的 U 相线圈反向串联。因此，每相铁心上的电压绕组有两个用不同相电压供电的线圈，如 U 铁心上 W_1 线圈被反向通以 V 相电压产生的励磁电流，其 W_4 线圈则通以 W 相电压产生的励磁电流；图中 W_C 绕组供谐振起压用，谐振时电容电流较大，通过电容绕组感应给输出绕组，有利于起压，但由于谐振式线路起压比较可靠，为简化起见，也有不设电容绕组的。

应当指出，不带自动电压调整器的相复励系统的主要优点是动态特性比带旋转励磁机的系统好，它有一定的强励能力（负载突然发生大变化或发电机短路时，加强励磁电流的能力），强励输出电流大于额定工况（发电机有 $\cos\varphi = 0.8$ 的 100% 负载）时输出电流的两倍（最大电流是受复励变压器铁心磁路饱和限制的）。

以上介绍的电流叠加和电磁叠加相复励自励恒压装置的优缺点比较如表3-5所示。

表3-5　三种自励恒压装置优缺点比较

主要特点	电流叠加	电磁叠加	
		三绕组谐振	四绕组谐振
自励起压性能	起压性能较差，须附加备用专门充磁装置	谐振起压性能好，但须附加起励电容	谐振起压性能好，但须附加起励电容
静态特性	静态性能较差	静态性能较差	静态特性较好，但小负载时有欠压
动态特性	采用复励，动态特性较好	采用复励，动态特性较好	采用复励，动态特性较好
强励性能	电流互感设计时，使其有一定强励能力	相复励变压器设计时，是具有一定强励能力	相复励变压器设计时，是具有一定强励能力
频率补偿性能	采用线性电抗器移相，具有一定频率补偿性能	采用线性电抗器移相，具有一定频率补偿性能	采用线性电抗器移相，具有一定频率补偿性能
温度补偿性能	当励磁回路电阻随温度变化时，影响磁力电流，温度补偿性能较差	温度补偿性能好	温度补偿性能好
简单可靠性	简单，但自励回路与发电机主回路无间隔	较复杂，但励磁回路与发电机主回路安全隔离	较复杂，但励磁回路与发电机主回路安全隔离
调试	简单	较简单	较复杂
体积和经济指标	元件少，体积小，经济指标高	体积较大，经济指标较差	多一套 W_4 绕组，材料消耗多，体积大，经济指标差

三、可控相复励自励恒压装置

不可控相复励自励恒压装置是按负载电流大小和相位对发电机端电压进行调整的，它具有结构简单、工作可靠、动态性能和经济性能好等优点，但稳态电压变化率还不够理想，在不同容量发电机并联运行时实现无功功率均匀分配较难。

为了进一步改进电能质量，可在不可控相复励自励恒压装置的基础上加一个自动电压调整器，按照电压偏差对发电机端电压进一步调节，这就是所谓可控相复励自励恒压装置。

可控相复励恒压装置的基本形式：以相复励为励磁装置主体，加上根据电压偏差信号实现调节的电压校正器（AVR），就构成了可控相复励恒压装置。相复励部分保证了发电机的自激起压及强励性能，而且动态性能好，当电压偏差尚未形成时，其装置根据负载电流的变化对励磁电流作了调整，因此其调节作用先于 AVR。但相复励调节精度不太高，仍然有 ΔU，将由 AVR 发挥作用，按照电压偏差 ΔU_F 对发电机端电压 U_F 作进一步调节，来提高调压精度。

按电压校正器与相复励部分组合形式的不同，常见的有：①可控移相电抗器形式，②可控电流互感器形式，③可控饱和电抗器分流形式，④可控硅分流形式等几种可控相复励恒压装置。

（1）**可控移相电抗器形式**　可控移相电抗器形式如图 3-40a 所示。移相电抗器的电抗值可变。由 AVR 输出的直流信号控制电抗器磁路的饱和程度，实现改变其电抗值，从而改变励磁电流电压分量的大小，起到校正电压的作用。

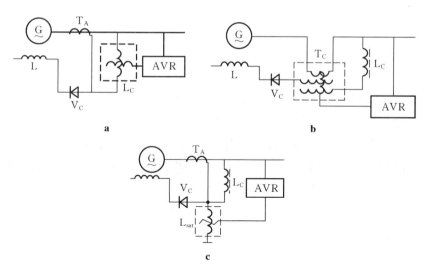

图 3-40　可控相复励恒压装置的基本形式
a. 可控移相电抗器形式　b. 可控电流互感器形式　c. 可控饱和电抗器分流形式

（2）**可控电流互感器形式**　可控电流互感器的形式如图 3-40b 所示。它是在三绕组交流电流互感器加上一个直流控制绕组构成的可控电流互感器。由 AVR 输出的直流信号控制互感器铁心的磁化程度，使互感器的变比发生变化（不再等于互感器的匝数比），从而改变副边输出电流即励磁电流的大小。

（3）**可控饱和电抗器分流形式**　可控饱和电抗器分流形式如图 3-40c 所

示。电流叠加相复励输出励磁电流呈过励状态，由饱和电抗器 L_{sat} 适当分流来控制发电机端电压恒定。AVR 输出的直流信号控制 L_{sat} 的铁心磁化程度，即控制 L_{sat} 的电抗值大小，从而改变其分流大小。

（4）可控硅分流形式

由电流叠加或电磁叠加型不可控相复励装置加分流可控硅，则构成了可控硅分流的可控相复励恒压装置。其 AVR 控制可控硅的导通角，从而改变励磁电路的分流大小，以达到电压偏差的可控调节。其形式有交流侧分流、直流侧分流和半波分流三种，如图 3-41 所示。

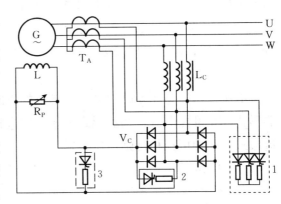

图 3-41　可控硅分流形式
1. 交流侧分流　2. 直流侧分流　3. 半波分流

交流侧分流类似于可控饱和电抗器分流形式，所不同的是后者连续分流且体积大、质量大；而可控硅交流侧分流是断续分流，且有三组分别触发的三相可控硅。可控硅的触发控制需要同步电源，由于调节对象为交流侧的励磁电流，它本身的相位相对于端电压有一定的变化范围，因此，要求同步电源能在励磁电流相位变化时，保证有足够宽的触发脉冲移相范围。

直流侧分流只需一组可控硅元件。因为是直流侧调节励磁电流，所以触发脉冲的同步电源也较简单。但它也有特别要求，可控硅一旦被触发导通，自身无法关断，必须附加辅助关断电路。

半波分流型兼有上述两种形式的优点，既如同直流侧分流形式那样，只需一组可控硅元件，且同步电源较简单，又如同交流形式侧分流那样，可控硅能自然关断。

📖 读一读

可控相复励恒压装置实例

可控相复励自励恒压装置在船舶上应用的有 TZ 系列、TZ-F 系列、CRB 系列等。国产船用 TZ-100K（或 TZ-200K、TZ-250K）型可控相复励自励恒压装置，其稳态电压变化率小于±1％。我国设计制造的 630 kW

同步发电机的可控相复励自励恒压装置采用了自动电压调整器控制励磁电路直流侧分流的方案。该装置还设有备用系统，当自动电压调整器或晶闸管有故障时，用继电器触点把电路转换为额定分流，此时依靠相复励装置仍能保持电压基本恒定。

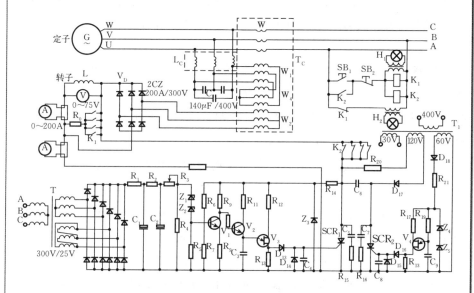

图 3-42　TZ-F 型可控相复励自励恒压装置原理

图 3-42 为 TZ-F 型可控相复励自励恒压装置原理图。基本相复励部分是电压绕组曲折连接的四绕组相复励，由于曲折连接，要按一定相序接线。复励阻抗 L_c 处还接有谐振电容器，相复励经整流器输出的电流比发电机实际需要大一些。发电机励磁绕组并联有两个分流电路，一个分流电路由可控硅 SCR 和电阻 R 构成，由电压校正器控制 SCR_1 的分流量，形成可控硅直流侧分流的可控相复励；另一个分流电路由 R_0 和 K_1 触点构成，通常该电路不接通，作为前一个分流电路的后备。当 AVR 及 SCR_1 的可控部分发生故障时，切断 SCR_1 分流电路，启用这一条后备分流电路。后备分流是固定分流，不能达到可控分流的调压精度，但它保证可控分流发生故障时，发电机还能正常地继续供电。

图 3-42 原理图的右上角是可控分流与固定分流的切换控制电路。按下按钮开关 SB_1，继电器 K_1 和 K_2 得电，完成可控分流到固定分流的转换。

原理图左下方为电压校正器部分。测量变压器 T 的原边接发电机端电压。T 有两组副边，分别为星形与三角形连接，接六相桥式整流器，再经阻容滤波、电阻分压。经过这样处理后，发电机端电压被变换成适当的直流电压信号。由于滤波环节的存在，使信号的变化延滞，动态性能变差，而六相整流的目的就是改善整流输出的波纹系数，从而使滤波环节的时间常数可以小一些。

稳压管 Z_1、Z_2 和电阻 R_5 组成电压比较电路。输出信号经晶体管 V_1 放大及倒相，去控制变阻管 V_2 对电容 C_3 的充电速度。从而使单结晶体管 V_3 达到峰点电压 U_{P1} 的时间受到控制。当 V_3 达到 U_{P1} 时，突然导通，经 R_{13} 发出脉冲，触发 SCR_1 导通。

综上所述，当发电机端电压在相复励作用下仍存在电压偏差时，如电压偏高，那么 U_{R4} 将比设定的工作点电压偏高（反映发电机端电压变化），U_{out} 也偏高，这样使 C_3 充电速度加快，V_3 发出脉冲时间提前，SCR_1 的导通角变大，分流增大而励磁电流减小，从而使发电机端电压回归到 U_N；反之亦然。这样，在相复励基础上，进一步提高了调压精度。

由 V_3 等组成的弛张振荡器，由 SCR_1 两端电压经 R_{14} 和稳压管 Z_3 提供同步电源，当 SCR_1 导通后，使触发控制回路停止工作，C_3 上电荷放尽。当 SCR_1 关断后，C_3 从零开始充电，保证 SCR_1 的导通角只与当时的测量电压有关。

SCR_1 导通后需要辅助电路帮助关断。原理图的右下方就是由 SCR_2 等组成的辅助关断电路。变压器 T_1 的 60 V 副绕组的电压经半波整流和稳压管削波，得到幅值为 20 V 的梯形电压。电容器 C_9 的充电时间常数约为 0.01 s，在工频 50 Hz 交流电的半波时间内，C_9 上的电压只能充到 13 V 左右，小于单结晶体管 V_4 的峰点电压 U_{P2}（约 15.7 V），因而在梯形波的平顶期间不能产生脉冲。当电源梯形波进入后下降沿阶段时，U_{bb}（基极间电压）随之减小，所以，U_{P2} 减小，在交流电正半周过零前的某一时刻 V_4 导通，发出脉冲，触发 SCR_2 导通。当 SCR_2 导通时，电容器 C_6 已由 T_1 的 120 V 副绕组经整流器充电到峰值，这样，C_6 经 SCR_2 把反向电压加到 SCR_1 上，使之关断。

可控相复励自励恒压装置比不可控相复励多了自动电压调整器，进一步改进了电能质量，可使发电机的稳态电压变化率达到±1％，且调试方便，但是由于多了一个自动电压调整器，使结构显得复杂。

四、并联运行发电机组的无功功率分配

　　发电机并联运行与单机运行时的情况不同。首先，电网电压与各发电机端电压相等，因此每一台发电机的励磁电流的变化将影响整个电网的电压变化。另外，当负载需求的无功功率一定时，还存在各台发电机承担多少无功功率的问题。可细分为：①怎样分配才是合理的或是最佳的；②分配不符合要求时，怎样转移各台发电机分担的无功功率，使之趋于合理；③达到合理分配状态时，能否保持下去，即分配是否稳定。这些问题均与发电机的励磁调节有着直接的关系。

1. 无功功率的分配与转移

　　如图 3-43 所示。当同步发电机并联工作时，因为各台发电机的电势对应各自的励磁电流，当电网电压一定而各电势不同时，在发电机之间将产生环流，这种环流基本上是无功的，使各发电机承担的无功功率不一致，并影响无功功率的分配。

　　从图 3-43 可知，电势不等，有环流，无功功率分配不均；电势相等，无环流，无功功率也就能均匀分配。因此，要使无功功率均匀分配必须调整电势，调整电势的方法就是调节励磁电流。但此时所说的调节励磁电流不希

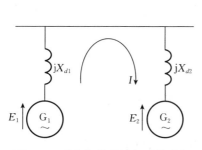

图 3-43　发电机并联运行时的环流

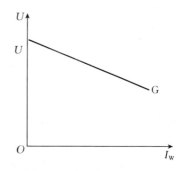

图 3-44　发电机的调压特性

望改变电网电压，也就是说，要保证电网电压始终为额定电压。因此，在减小一台发电机励磁电流的同时，必须相应地增大另一台发电机的励磁电流。换言之，这种调整需要从两个方向上同时进行，单纯把电势较大的发电机励磁电流调小，或单纯把电势较小的发电机励磁电流调大都是不行的。另外，因电网电压不变，自动励磁调节装置是不会进行自动调整的，所以，转移无功功率的励磁调节是人为的调节或附加装置的自动调节。

当并联发电机间无功功率分配调整合理后，能否把合理的状态保持下去，这与自动励磁调节装置的性能有很大关系；为了讨论无功功率分配的稳定性，首先介绍几个有关的概念。

（1）调压特性

① 发电机的调压特性：发电机的调压特性表示发电机端电压 U 与输出无功电流 I_W 之间的关系，它与发电机外特性有些类似，即都是电压与电流的关系，是在频率不变的情况下测得的，如图 3-44 所示。但两种特性是不同的，外特性是在励磁电流不变的情况下获得的，而调压特性是在自动励磁电流调节装置起作用的情况下获得的，外特性的横坐标是负载电流，调压特性的横坐标是无功电流，即负载电流的无功分量。

② 无差特性：无差特性是呈水平直线的调压特性，即当无功电流 I_W 变化时，端电压 $\Delta U=0$ 不发生变化的特性。当 I_W 变化时，去磁的电枢反应变化，必定引起端电压 U 的变化（单机运行时），但 $\Delta U=0$ 说明自动励磁调整装置 AVR 在起作用，其调节属可控误差的类型。

③ 有差特性：有差特性是指当 I_W 增大时，ΔU 也随之增大的调压特性。由于自动励磁调节装置的调节作用，ΔU 的变化虽存在，但比发电机外特性上的 ΔU 变化要小得多。简单地看，可认为有差特性是一根略向下倾斜的直线。

④ 调差系数 K_C：K_C 是指调压特性下倾角的正切值，定义值不小于 0。

$$K_C = \tan\alpha = \frac{\Delta U}{I_W} \tag{3-8}$$

（2）无功分配的分析

下面定性讨论 K_C 不同时，对两台发电机并联运行时的无功分配产生的影响。

① $K_{C1} > K_{C2} > 0$：两台发电机都具有下垂的调压特性，且调差系数不同。这种情况下，当无功负载增加时，电网电压下降。不同电压下，两台发

电机承担的无功按比例分配，且分配稳定，所谓稳定是指根据电压或总负载量可以确定特性上的唯一工作点。

在这种情形下，若调差系数选择恰当，可满足不同容量的发电机间的无功按比例分配。

② $K_{C1} = K_{C2} > 0$：两台发电机都具有下垂的调压特性，且调差系数相同。这种情况下，两台发电机承担的无功是平均分配的，且分配稳定。

这种情形满足同容量的发电机间的无功平均分配要求。

③ $K_{C1} > K_{C2} = 0$：一台发电机具有下垂的调压特性，另一台发电机是无差特性。这种情况下，由于电网电压一定，有差特性所承担的无功功率不能变化，而负载变化时，无功功率的全部变化量都由无差特性的发电机承担。这种组合虽然能稳定分配，但分配是不成比例的。

④ $K_{C1} = K_{C2} = 0$：两台发电机都具有无差的调压特性。这种情况下，两特性处于同一水平线时，无功功率的分配不成比例，且不能稳定分配，甚至分配会发生周期性变化，即形成振荡。

2. 均压线

为了保证并联运行机组间无功功率分配均匀，必须合理地分配励磁电流或调整励磁电流。对于相复励装置可以采用均压线来实现无功负载的合理分配。

（1）**直流均压线** 如图 3-45a 所示，这是最简单和常用的方法。即将并联工作的发电机的励磁绕组并联，并联导线（称均压线）截面可采用励磁回路连接导线截面的 50%（当一台无励磁电压时，由另一台发电机供给两台机的励磁电流，此时均压线中就要流过 50% 的励磁电流）。如果两台发电机容量不同时，励磁绕组的工作电压也不一致，采用转子均压线接法时，可以接入一电位器 W，将相同电位点并联（但将影响发电机的调压特性，需要按接入电位器的情况重新调节好），如图 3-45b 所示。

（2）**交流均压线** 这种连接方式是将并联发电机励磁系统的移相电抗器到相复励变压器的电压绕组的节点，各相对应地连接起来，如图 3-46 所示。它主要用于不同功率的发电机并联工作的场合，因为在无功负载按发电机功率比例分配时各连接点的交流电压都相等。当相复励装置的系列设计没有满足电压绕组连接点的电压相等的条件（或不同型号相复励系统参数不同）时，可采用变压器耦合的方法，变压器的变比为两连接点电压之比。

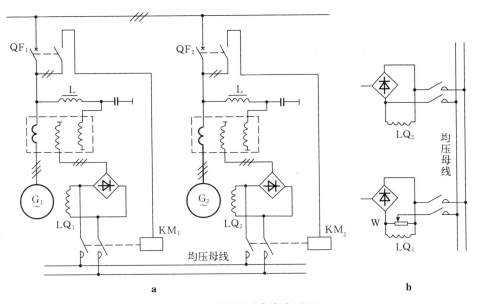

图3-45　直流均压线接法原理

a. 接法原理1　b. 接法原理2

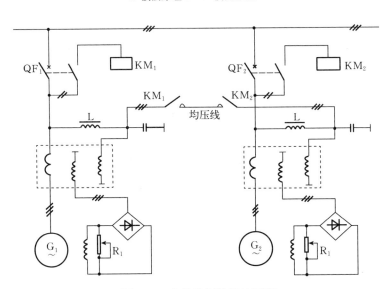

图3-46　交流均压线接法原理

　　它也适用于相同容量的发电机进行并联工作。它需要三根均压线和三对连接触点，但是它可以在直流边手动调整励磁电流供转移无功负载用。

　　采用发电机转子边（即直流边）均压线接法时，各发电机的励磁电压相同，励磁电流也因此相等，从而保证电势与无功负载相等。但是由于均压导线本身有电阻，均压线电阻压降会使励磁电压和电流有差值，均压线电阻越小，差值就越小，可以确保系统稳定地并联工作。但是当需要转移无功负载时，直流边有均压线就不能实现转移，只能同时增加或同时减少励磁电流，不能单独调节。

采用移相均压线或定子端均压线接法时，因直流边未连死，可改变励磁绕组的并联电阻 R_1（图 3-46）来转移无功功率或手动均匀（或按比例）分配无功负载。

由图 3-45、图 3-46 可以看出，均压线接触器与主开关有连锁，这是为使一台发电机工作时不负担两台发电机的励磁电流，否则将使工作发电机的端电压大大下降；而且均压线在主电路之后接通可以减小因电势差引起的冲击电流，因为先接通均压线时待并发电机的电势将比工作发电机（即电网）的电压高得多。

3. 无功功率自动分配装置

对于励磁系统带有自动电压调整器的同步发电机需要进行并联工作时，必须装设无功功率自动分配装置，又叫调差装置、环流（横流）补偿装置、电流稳定线路等。其原理线路如图 3-47 所示。图中发电机的 V 相电流 I 经电流互感器对环流补偿电阻 R 供电，在 R 上产生的电压降 U_R 正比于 V 相电流，其相位也与 I 同相。发电机的线电压 U_{UW} 经变压器输出 U_e，U_e 与 U_R 叠加后得 U_C 作用于自动电压调整器。

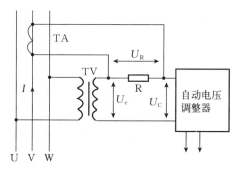

图 3-47　无功功率自动分配装置

这样的装置可按无功负载的大小调整发电机的励磁电流和电势，使无功电流按发电机容量比例均匀分配。为此在无功电流偏大时，将由于 U_C 的增大而使发电机的励磁电流减小，这与维持恒压的相复励作用正好相反，因而对电压变化率有一些影响。所以，并联工作的同步发电机的自动电压调整系统不但在动作的快速性、稳定性而且在电压变化率方面都有更高的要求。

4. 差动电流互感器

因为采用差动电流互感器进行并联机组间无功功率补偿的装置应用较多，故在此做一专题介绍，其无功电流补偿线路如图 3-48 所示。

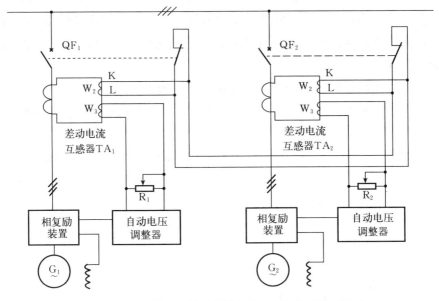

图 3-48　采用差动电流互感器的无功电流补偿装置原理

图中发电机电流信号是通过差动电流互感器的次级绕组 W_3 加到环流补偿电阻 R_1（或 R_2）上的。差流互感器 TA_1 和 TA_2 的另一个次级绕组 W_2 间用导线相连，其接法是一绕组的始端与另一绕组的末端相接。

图中用主开关的常闭辅助触点保证差动电流互感器不影响单机的电压变化率，因为差动电流互感器的次级绕组 W_2 的输出被固定短接。在并联运行时，辅助触点打开，差动电流互感器的次级绕组 W_2 中就流过环流。此环流通过铁心磁路影响各差动电流互感器的另一个次级绕组 W_3，使无功电流负担趋向平衡。

使用差动电流互感器补偿装置时，并联运行与单机运行的电压变化率几乎相同，达 ±1% 以内；而不使用差动电流互感器时，并联运行的电压变化率下降到 ±3.5%。

用差动电流互感器进行无功环流补偿的原理简述如下：

当单机运行时，其中一台发电机主开关断开，其常闭辅助触头是闭合的。把 TA_1 和 TA_2 的次级绕组 W_2 短路，接补偿电阻 R_1（或 R_2）的绕组 W_3 没有电流输出，该装置不起作用，自动电压调整器仅在电压偏差作用下进行电压调整。

当发电机并联运行时，主开关闭合，常闭触点打开，使差动电流互感器

TA$_1$ 和 TA$_2$ 的次级绕组 W$_2$ 串联连接，故在 TA$_1$ 和 TA$_2$ 的次级绕组 W$_3$ 中有两个电流源供电，此两电流源的电流与各发电机的同一相电流成正比，相位也与发电机电流相位相同。

第八节　船舶应急电源

船舶除了设置主发电机组做主电源之外，还必须配备一套在主电源不能供电时，向船舶最重要设备和具有要害功能的设备及一些重要的必不可少的控制设备自动供电的独立电源，称为应急电源。应急电源应该保持相对的独立性，在安装和布线上都应尽量与主电源分开，而且有较高的安全可靠性要求。

船舶应急电源可采用应急发电机组（大应急）和应急蓄电池组（小应急）或两者兼备。沿海小船一般只配备有应急蓄电池组。

我国《钢质海洋渔船建造规范》规定：船长不小于 45 m 的渔船均应设有独立的应急电源。

应急电源的布置应符合下列要求：

① 应急电源连同其变换设备、临时应急电源、应急配电板以及应急照明配电板等均应安装在最高一层连续甲板以上易于从露天甲板到达之处，且它们不应设置在防撞舱壁之前。在特殊情况下经验船部门同意者可以例外。

② 应急电源连同其变换设备，临时应急电源、应急配电板和应急照明配电板等当主电源所在的处所发生火灾或其他事故时，不致妨碍应急电源的供应、控制和分配。

③ 应急电源是发电机，在主电源供电失效时应能自动起动和自动连接于应急配电板。原动机的自动起动系统和原动机的特性均应能使应急发电机在安全而实际可行的前提下，尽快地承载额定负载（最长不超过 45 s）。应急配电板应与应急发电机安装在同一处所。

④ 应急电源是蓄电池组，该蓄电池组能承载应急负载而不必再充电，并在整个放电期间蓄电池组的电压变化应能保持在额定电压的 ±12％ 范围内；当主电源的供电失效时，自动连接至应急配电板；该蓄电池组不应与应急配电板安装在同一处所。

在正常情况下，应急配电板应通过相互连接的馈电线由主配电板供电。并应能在主电源供电失效时，在应急配电板处自动切断。

一、应急电源的供电时间和范围

应急电源应有足够的容量，以确保在应急的情况下向必要的安全设备供电，并应考虑到这些设备可能要同时工作。应急电源在计及某些负载的起动电流和瞬变特性后，应至少能对下列设备（如依靠电力工作时）按以下规定的时间供电（针对船长大于 45 m 的渔船）：

（1）每一登乘救生艇、筏的集合地点、登乘地点和舷外的应急照明供电 3 h。

（2）对下列各处的应急照明供电 3 h

① 起居处所内的通道、梯道、出口。

② 机器处所及主发电站内，包括它们的控制位置。

③ 所有控制站、机器控制室以及每一主配电板和应急配电板处。

④ 消防员装备贮放处所。

⑤ 操舵装置处。

⑥ 应急消防泵、喷水器供水泵等处以及这些泵的电动机起动位置。

⑦ 鱼货处理和加工处所。

（3）对下列各项设备供电 3 h

① 航行灯和其他号灯。

② 高频无线电设备、中频无线电设备以及中频/高频无线电设备。

（4）对下列各项设备供电 3 h

① 所有在紧急状态下需要的船内通信设备。

② 探火和火警报警系统。

③ 断续使用的白昼信号灯、船舶号笛、手动失火报警按钮和所有在紧急状态下需要的船内信号设备（例如，通用紧急报警系统、灭火剂施放预告报警器等）。

④ 应急消防泵（如设有时）。

⑤ 自动喷水器泵（如设有时）。

船长小于 45 m 的渔船，可以不设本节所要求的应急电源，但应在机舱以外且避开高失火危险处所设置独立的蓄电池组，此蓄电池组作为备用电源。当主电源失效时，应对下列设备同时供电 3 h：

（1）通用紧急警报系统。

（2）航行灯、失控灯、锚灯以及现行《国际海上避碰规则》规定的其他号灯。

（3）甚高频（VHF）、高频（HF）和中频（MF）无线电设备，若设有无线电通信设备专用的备用电源时，则可除外。

（4）下列处所的应急照明

① 登乘救生艇、筏的集合地点，登乘地点及舷外。

② 所有走廊，梯道和出口。

③ 机器处所和应急配电板处。

④ 所有控制站。

临时应急电源应具有足够的容量，至少应能对应急照明供电 0.5 h。

二、应急配电板与应急发电机功能、操作与管理要求

1. 应急配电板

应急配电板用来控制和监视应急电源的工作情况，并将应急发电机发出的电能，通过应急电网向全船应急负载供电。它通常由应急发电机控制屏和应急负载屏组成。一般安装在船甲板上与应急发电机在同一舱室中，屏上所安装的仪表和电器与主配电板基本相同，但因应急发电机总是单机运行的，故不需要并车和逆功率保护装置。

负载屏仅向全船应急负载供电，对其出线回路进行控制、监视和保护，通过装在负载线路上的馈电开关将电能供给船上各应急用电设备。负载屏可以是动力和照明合为一屏，也可分成动力屏和照明屏，应急照明负载通过照明变压器供电。

应急发电机控制屏包含有发电机组的起动控制部分、励磁控制部分、发电机主开关及其指示操纵部分、发电机保护部分、与主配电板间的连锁部分、仪用互感器及测量仪表等。

应急配电板与主配电板的连锁由具有电动操作机构的自动开关实现，应急发电机组装有自动起动装置。控制屏盘面上设有应急电源投入控制方式（自动/试验）选择开关和发动机组控制方式（自动/就地）选择开关。在自动控制方式下，一旦主电网失电，应急发电机组立即自动起动，建立起稳定的电压后，应急发电机主开关自动合闸，向应急电网供电；主发电机一旦恢复供电，应急发电机应自动切断应急电源供电并停机。连锁是通过自动空气开关的失压脱扣器实现的，即将各自开关本身的常闭辅助触点串联接入到对方失压脱扣器线圈回路中。

2. 充放电板

充放电板是对蓄电池组充电、放电以及控制、监视和保护的装置，并具有对负载的配电功能。

充放电板上主要设有电源开关、保护熔断器、指示灯、电压表、电流表，以及充、放电转换开关等。作为船舶小应急电源，充放电板上还设有能在主电网失电情况下自动接通应急负载的控制电路。通常充放电板由以下两部分组成。

（1）充电部分　在交流船上蓄电池组的充电电源一般由交流电网经半导体整流后供给，整流器多为桥式二极管或晶闸管整流装置。电路中设有交流电源开关、熔断器、向蓄电池组充电的总开关，以及监视充放电的直流电压表和电流表。对非整流充电电源必须设逆电流保护，以防止蓄电池向充电的直流电源放电。

（2）放电部分　主要是由小应急电源供电所形成的用电回路。有应急照明放电回路、操纵仪器和无线电通信设备放电回路等。小应急照明每一分路设有短路保护熔断器，但不设分路开关，所有回路均由一接触器进行总的控制，当主电源、应急电源均失电时，该接触器接通小应急电网，其他设备则分别用控制开关送电。

3. 应急发电机组操作规程

① 主配电板因故障跳闸或船用主发电机无法正常工作时，应急发电机组将自动起动并通过应急配电板向船上主要设备应急供电。

② 如应急发电机组因为某种原因未能自动起动时，须进行人工启动。

③ 起动前须检查滑油油位、检查燃油阀是否开启。

④ 在控制箱上按下起动按键，发动应急发电柴油机；一次起动时间不得超过 5 秒。如连续两次起动不成功，须采用手摇储能电动机起动或间隔 2 min 后再次起动。

⑤ 手摇储能电动机起动的操作方法：检查确保其他起动装置和飞轮齿圈脱开；拉动起动机的提升杆手柄使释放杆自动转到"储能"处；用随机提供的手柄顺时针摇起动机 1～2 圈，使其红色弹簧在观察窗口看见为止；向起动方向推动释放杆约 90°，使发动机起动（如需反向释能可沿逆时针方向旋动盘动手柄至窗口可见绿色弹簧。起动机可作为发动机盘车装置）。

⑥ 当环境温度过低时，应急发电柴油机起动后可略为缓慢地加速至 1 500 r/min。

⑦ 将主配电板脱开，应急配电板合闸。

⑧ 发电机正常供电运行后，应注意观察各仪表运行是否正常。运行时保持机组负荷在一般情况下不超过定值80%。

⑨ 主配电板恢复正常供电后，按起动程序逆操作换电。应急发电柴油机停机前应空载运行 3～5 min，并缓慢减速至停机。

⑩ 应急发电机起动后，应间隔 2 h 左右，记录负荷、电压、油压、水温等参数。

4. 应急发电机日常巡查、维护内容

① 每周检查滑油油位、检查日用油柜存油量及水箱内的水是否足够。

② 定期检查机器是否有漏油、漏水等现象。

③ 每周检查蓄电池电解液是否添足、蓄电池电压是否正常。

④ 定期清洁机器及附件设备外表。

⑤ 发电机平时置于自动待发状态，蓄电池置于充电状态。

⑥ 按照应急设施使用规定：每月必须进行一次应急发电机起动试验。

三、船用蓄电池及其维护保养

船用蓄电池是可靠的应急电源，如果应急电源是发电机组，则必须有蓄电池作临时应急电源。蓄电池是一种可以充电并反复使用的电源。蓄电池在船上主要用作应急照明电源，应急柴油发电机组、救生艇柴油机的启动电源，无线电台应急电源，也可作为船内通信设备，如电话、广播、信号报警等系统的正常工作电源。

1. 船用蓄电池的类型

船用蓄电池有两种类型：酸性蓄电池和碱性蓄电池。酸性蓄电池用途广泛、价格低廉。船用蓄电池多为酸性蓄电池。碱性蓄电池有镉-镍、铁-镍、锌-银、镉-银等品种。碱性蓄电池具有工作电压平稳，可大电流放电、机械强度高和使用寿命长等优点，但价格较高。

2. 船用蓄电池的工作原理

利用电池极板上活性物质的电化学反应实现电能与化学能之间的相互转换。放电时消耗活性物质，将化学能转换为电能；充电时活性物质得以恢复，将电能转换为化学能，它具有储能特性。

（1）酸性蓄电池　酸性蓄电池负极活性物质为海绵状铅（Pb），电解液相对密度为 1.20～1.29 的稀硫酸溶液（H_2SO_4），正极的活性物质为二氧化铅（PbO_2）。放电时两极活性物质逐渐变成硫酸铅，而电解液的硫酸减少、水增多，因此电解液相对密度下降；充电时则相反。

电极反应可用下式表示：

$$PbO_2 + 2H_2SO_4 + Pb \Leftrightarrow 2PbSO_4 + 2H_2O$$

酸性蓄电池单体蓄电池的额定电压为 2 V，单体蓄电池的放电终止电压为 1.75 V。蓄电池组额定电压有 6 V 和 12 V 两种类型，额定容量从 40～150 A·h。充放电循环周期数为 100～400 次。

（2）碱性蓄电池　碱性蓄电池负极活性物质分别为海绵状镉、铁，正极活性物质都采用氢氧化镍 [$Ni(OH)_3$]，负极为镉（Cd），电解液是相对密度为 1.18～1.28 的氢氧化钾（KOH）溶液。

电极反应可用下式表示：

$$Cd + 2Ni(OH)_3 \Leftrightarrow Cd(OH)_2 + 2N_i(OH)_2$$

碱性蓄电池的单体额定电压为 1.25 V，放电 8 h 终止电压放电率为 1.1 V。

（3）蓄电池容量　蓄电池的容量 Q 就是蓄电池的蓄电能力。蓄电池容量等于放电电流 I 与放电时间 t 的乘积，以 A·h 为单位表示，即：

$$Q = I \times t \tag{3-9}$$

酸性蓄电池以 10 h 放电率作为容量标准；碱性蓄电池以 8 h 放电率作为容量的标准。

3. 蓄电池的充放电

蓄电池的使用可采用两种方式，即充放电方式和浮充电方式。一般船上都采用充放电方式，蓄电池大部分时间处于放电状态或备用状态。因此，需要定期充电以补充能量。

（1）充放电方式

① 恒流充电：整个充电过程的充电电流始终保持不变（通过调整电压，保证电流不变）。

优点：充电电流可任意选择，有益于延长蓄电池寿命，可用于初充电和去硫化充电。

缺点：充电时间长，且需要经常调整充电电流。

② 恒压充电：整个充电过程的充电电压始终保持不变。

优点：充电速度快，充电时间短，充电电流会随着电动势的上升，逐渐减小到零，使充电自动停止，不必人工调整和照管。

缺点：充电电流大小不能调整，所以不能保证蓄电池彻底充足电，也不能用于初充电和去硫化充电。为了防止其产生硫化故障，必须定期（每两个月）拆下用恒流充电的方法充电一次。

③ 分段恒流充电：充电初期充电电流较大，当极板上有气泡冒出，单体电池电压约升至 2.4 V 时，改用充电电流减小一半进行充电，直到蓄电池完全充足电为止。

优点：可减少活性物质脱落，又能保证蓄电池充满电。

缺点：充电电流需经常调整。

在船上酸性蓄电池多采用分段恒流充电方法。碱性蓄电池多采用恒流充电，宜以 8 h 率的放电制和 7 h 率的充电制为最佳。也可大电流快速充电，而不影响碱性电池的充放电寿命。

（2）浮充电方式　一种连续、长时间的恒电压充电方法。充电电源、蓄电池、负载三者保持接通，电源一方面为负载供电，一方面为蓄电池充电。以补偿蓄电池自放电损失并能够在电池放电后较快地使蓄电池恢复到接近完全充电状态，又称连续充电。

（3）过充电法　铅蓄电池在运行时，往往因为长时间充电不足、过放电或其他一些原因（如短路），造成极板硫化，从而在充电过程中，使电压和硫酸相对密度都不易上升。出现这种情况时，可以在正常充电之后，再用 10 h 放电率的 $1/2$ 或 $3/4$ 的小电流进行充电 1 h，然后停止 1 h，如此反复进行，直到充电装置刚一合闸就发生强烈气泡为止。

4. 酸性蓄电池充、放电终了的判断

酸性蓄电池充、放电是否终了可根据电解液的相对密度及蓄电池的电压进行判断。

（1）根据电解液的相对密度变化判断　蓄电池的电压与电解液的相对密度有关，电解液的相对密度大，电压就高，反之则低。充电时，电解液的相对密度为 $1.275\sim1.31$ 时，表示已被"充足"；放电时，电解液相对密度为 $1.13\sim1.18$ 时，表示已被"放完"。

（2）根据蓄电池电压的变化判断　单个电池电压平均为 2 V。当蓄电池开始充电时，电压很快升高到 2.1 V，然后逐步缓慢上升，直到 2.3 V，再经过几小时后，升高到 2.6 V 左右，并一直维持不变，而且正负极板附近剧烈冒出气泡，这时，蓄电池已经"充饱电"。放电时，蓄电池电压立即降低到 $1.95\sim2.0\text{ V}$，然后逐步缓慢下降，到 1.9 V 后，很快就降到

1.7～1.8 V，这时蓄电池已经"放完电"，不可继续放电，否则会腐蚀铅板。

5. 蓄电池常见的故障

（1）极板硫化

现象：内阻增大显著，极板上生成白色粗晶粒硫酸铅的现象，称为硫酸铅硬化，简称"硫化"，主要发生在负极板上。是导致蓄电池寿命终止的主要原因。

特征：

① 极板颜色不正常。

② 放电时，端电压下降快；充电时，端电压上升快；电池容量降低。

③ 电解液相对密度低于正常值；充电时相对密度增加很慢。

④ 充电时单格电压上升很快；单格电压过高（2.8～3.0 V）。

⑤ 易早沸腾。

主要原因：

① 蓄电池长期充电不足或放电后不及时充电，温度变化时，硫酸铅发生再结晶。

② 蓄电池液面过低，极板上部发生氧化后与电解液接触，也会生成粗晶粒硫酸铅。

③ 电解液相对密度过高。

④ 电解液中含有较多杂质。

⑤ 气温变化剧烈。

防硫化措施：

① 保持蓄电池经常处于充足电状态。

② 电解液高度应符合规定。

处理方法：

① 程度轻：过充电法（用初次充电的第二阶段充电电流连续地进行过量充电。当电解液产生大量的气泡，相对密度达 1.28 左右，即可使用。最好将有硫化的个别电池单独进行过充电，使其消除硫化）。

② 较严重：小电流长时间过充电法（将蓄电池以 10 h 放电率放电至终止电压，倒掉电解液，加入蒸馏水，用初次充电的第二阶段充电电流进行连续充电，待电解液相对密度升至 1.15 左右时，再按 10 h 放电率放电至终止电压。然后再用原来充电电流进行过充电，直到电解液相对密度不再上升

时，把电解液相对密度调整到 1.28 并用 10 h 放电率放电至终止电压，如果蓄电池容量达到额定容量的 80%，即可使用。若容量还很小，可按上述方法反复进行，直到蓄电池性能恢复正常为止）。

③ 严重：采用水处理法（将蓄电池充电后，作一次 10 h 放电率放电，到单格电池电压均降至 1.8 V 为止。然后将电解液从蓄电池内倒出，并立即加入蒸馏水，静置 1～2 h，再用补充电第二阶段充电电流值的 1/2 进行充电，至电解液的相对密度达 1.12 以后，再将充电电流减少 1/5 继续充电，直到正、负极板开始出现大量气泡，电解液相对密度不再上升，即可停止充电。然后再用 10 h 放电率的 1/5 放电电流放电 1.5～2 h。要重复数次，直到所有极板恢复正常，即可使用）。

（2）自行放电

现象：充足电的电池，30 天内，每昼夜容量降低超过 2% 为自行放电故障。

特征：电池不用时，电能自行消耗。

主要原因：

① 电解液杂质过多。

② 电解液相对密度偏高。

③ 电池表面不清洁。

④ 电池长期不用。

防自行放电措施：

① 用专用硫酸配制电解液。

② 配制用器皿应为耐酸材料，且防脏物掉入。

③ 电池盖、塞要装好。

④ 经常清洁表面，保持干燥。

（3）极板短路

现象：无法起动；蓄电池无电压。

特征：

① 充电时电解液温度迅速升高。

② 电压和相对密度上升很慢。

③ 充电末期气泡很少。

④ 高率放电计试验时，电压迅速下降为 0。

⑤ 易早沸腾。

主要原因：

① 隔板损坏。

② 极板拱曲。

③ 活性物质大量脱落。

处理方法：解体。

（4）**极板活性物质脱落**

现象：主要在正极板上发生，是蓄电池过早损坏的主要原因之一。

特征：容量下降，充电时电解液浑浊，有褐色物质浮出。

主要原因：

① 充电电流过大。

②"过充"时间过长。

③ 低温大电流放电，造成极板拱曲。

④ 电解液不纯。

⑤ 颠簸、振动。

处理方法：

① 程度轻：清洗后更换电解液。

② 严重：更换极板或报废。

（5）**极板拱曲**　主要原因：由于充电或放电电流过大时，极板活性物质的体积变化不一致而引起的。

（6）**单格电池极性颠倒**　主要原因：维护不当，没有及时发现有故障的单格电池，如某一单格电池容量过低，过放电时，被其他单格电池反充电，造成极性颠倒。此外充电时接反电极也会造成这种故障。

6. 蓄电池的日常维护与保养

① 每 10 天要检查一次电压、电解液的相对密度及高度，并做好记录。使液面保持在高出极板上缘 10～15 mm。否则，应根据规定的比例补充蒸馏水或电解液后进行充电。

② 不经常使用的蓄电池，每月至少要检查一次，并进行补充电。

③ 蓄电池表面，每 3 个月进行一次彻底清洁。保持极柱、夹头和铁质提手等处的清洁。如出现电腐蚀或氧化物等应及时擦拭干净，以保证导电的可靠性。然后再涂上牛油或凡士林，防止氧化。

④ 注意保持蓄电池表面及整体清洁。不要有油渍污垢在上面，绝不允许在上面放置金属工具、物品，以防造成短路，损坏蓄电池。

⑤ 平时注意盖好注液孔的上盖，以防止船舶航行时电解液溢出，或海水进入到蓄电池里面，必须保持气孔畅通。

⑥ 蓄电池放电终了，应及时按要求进行充电。

⑦ 蓄电池室内严禁烟火，保持通风良好。

⑧ 要保持蓄电池的测量仪表如密度计、电压表等的准确和完好，应定期检查。

⑨ 五防：防止过充和充电电流过大、防止过度放电、防止电解液液面过低、防止电解液相对密度过大、防止电解液内混入杂质。

7. 蓄电池电解液的配制

① 电解液由硫酸与蒸馏水（或净化水）配制而成。硫酸溶于水时放出大量的热量，因此操作人员要戴上护目镜、耐酸手套，穿胶鞋或靴子，围好橡皮围裙。盛装电解液的容器，必须用耐酸、耐温的塑料、玻璃、陶瓷、铅质等器皿。配制前，要将容器清洗干净，为防酸液溅到皮肤上，先准备好5％氢氧化钠或碳酸铵溶液，以及一些清水，以防万一溅上酸液时，可迅速用所述的溶液擦洗，再用清水冲洗。

② 配制时，先估算好浓硫酸和水的需要量，把水先倒入容器内，然后将浓硫酸缓缓倒入水中，并不断搅拌溶液。严禁将蒸馏水倒入浓硫酸中（此反应放出大量热），以免飞溅烫伤。

③ 电解液在配制过程中要产生热量，刚配制好的电解液，温度较高，必须冷却到10～30 ℃时（否则充电时有害蓄电池），灌入蓄电池，高温或低温的电解液对蓄电池性能会有影响。电解液的液面应高于极板10～15 mm，刚注入的电解液易被极板所吸收。

④ 因电解液注入蓄电池内发热，因此，须将蓄电池静置6～8 h待冷却到35 ℃以下方可进行充电。但注入电解液后到充电的时间不得超过24 h。

第九节　船舶电站运行的安全保护

船舶电站供电的基本要求是：保证安全可靠地供电，保证电能质量，考虑经济运行。

船舶电站在运行中可能会出现各种不正常运行状态和故障，不正常运行状态主要有过载、欠压、过压、欠频、过频、逆功率以及中性点绝缘系统发生的单相接地等。这些不正常状态发展到一定程度就演变成故障，最常见的故障就是各种形式的短路，有三相短路、两相短路、两相接地短路、三相四线制系统单相接地短路。另外，还可能发生电机或变压器绕组匝间短路和线路的断线等故障。

上述不正常运行状态和故障发生后，往往会引起严重后果，以致使整个电网失电而影响船舶安全。

一、船舶发电机的保护

发电机是船舶电站中的重要设备。保证发电机不受损坏，是实现安全供电的重要手段之一。因此，对发电机各种常见的不正常运行和故障，必须装设相应的保护装置。

船舶同步发电机的不正常运行情况主要有：

① 由于负荷超过发电机的额定值而形成的过载。

② 由于外部短路，非同期合闸以及系统振荡等而引起的过电流。

③ 由于发电机电压及频率低于或高于其额定值而形成的欠压或过压和欠频或过频。

④ 在并联运行时，可能产生的逆功率等。

船舶同步发电机本身的故障主要有：

① 发电机定子绕组的相间短路。

② 单相层间短路。

③ 单相接地。

④ 发电机转子绕组的匝间短路。

⑤ 转子绕组的一点或两点接地等。

由于船舶发电机的电压较低，并且又定期检查，经验证明，低压发电机内部故障出现的机会极少，故可不专门设继电保护装置。对于并联运行的发电机可能出现的定子绕组相间短路，可由电流速断器对其进行保护。

根据《钢质海洋渔船建造规范》规定，对渔船低压同步发电机，针对其可能出现的故障和不正常运行状态，主要设有如下继电保护：① 外部短路的过电流保护；② 过载保护；③ 欠压保护；④ 逆功率保护。

通常，这些保护装置都是以中断供电来实现保护的。但在大多数情况下，故障或非正常运行都是暂时性的。当不正常运行在一定数量之内和在一定时间之内可以认为是允许的，因为设备允许有一定的过载能力，而且不正常运行也不会立刻引起破坏性事故。因此，在一般情况下，保护装置首先应该避开暂时性的故障和非正常的运行状态，以保证连续供电。

1. 船舶发电机的过载保护

电站在运行中，如果出现发电机的容量不能满足负载的要求或并联运行的机组负载分配不均匀等情况，就可能造成发电机的过载（分电流过载和功率过载两种），长期的电流过载会使发电机过热，引起绝缘老化和损坏；长期的功率过载会导致原动机的寿命缩短和部件损坏。

对于同步发电机的过载，可以利用当发电机过载时必定会出现过电流现象来加以检测。因为同步发电机上装有自动电压调整器，在电压不变的情况下，当发电机过载时，必然要出现输出电流过大的现象，所以只要装设反映同步发电机过电流的保护装置，就可实现对同步发电机的过载保护。

处理发电机过载问题，要兼顾到两方面，一方面要保护发电机不受损坏，另一方面还要考虑到尽量保证不中断供电。因此，当发电机过载时，首先应将一部分不重要的负载自动卸掉，以消除发电机的过载现象，并保证重要负载的不间断供电。同时，应自动发出发电机过载报警信号，以警告运行人员及时处理或同时发出自起动指令，以自动起动备用发电机组。若在一定时间内仍不能解除过载时，为保护发电机不被损坏，就应自动地将发电机从汇流排上切除，并发出发电机过载自动跳闸信号。

从外部系统的要求方面来看，也要求发电机过载保护是带时限的。因此，对发电机的过载保护装置来说，必须有一个合理的时间来鉴别过载的性质，以躲过暂时性的过载状态。

发电机过载保护应具有反时限特性。我国《钢质海洋渔船建造规范》对发电机过载保护规定，应采用能同时分断所有绝缘极的断路器作发电机的过载和短路保护，其过载保护应与发电机的热容量相适应，并满足下列要求：

① 过载小于 10%，建议设一延时的音响报警器，其最大整定值应为发电机额定电流的 1.1 倍，延时时间不超过 15 min。

② 过载 10%～50%，经小于 2 min 的延时断路器应分断。建议整定在发电机额定电流的 125%～135%，延时 15～30 s 断路器分断。

③ 过电流大于 50%，但小于发电机的稳态短路电流，经与系统选择性保护所要求的短暂延时后断路器应分断。

断路器的短延时脱扣器建议按如下规定进行整定：始动值为发电机额定电流的 200%～250%，延时时间：直流最长为 0.2 s，交流最长为 0.6 s。

④ 在可能有 3 台及以上发电机并联连接的情况下，还应设有瞬时脱扣器，并应整定在稍大于其所保护发电机的最大短路电流下断路器瞬时分断。

尽管有延时保护，但长时间过载必将导致保护装置的动作而中断供电。卸载保护装置则弥补了这方面的不足，使中断供电的可能性降低到最低的限度。一般电站有一级卸载就够了，卸去空调等次要负载。如果在某种状态下仍然过载，则可采取第二级卸载，可卸去部分较重要的负载。分级卸载适用于小容量多机组的电站。分级卸载的时限应比过载延时短，以确保分级卸载的动作在过载保护动作之前完成。

我国一般规定：对有分级自动卸载装置的发电机过载保护，当过载达 110%～120% 额定值时，延时 5～10 s 使自动卸载装置动作，自动卸掉部分次要负载；当过载达 150% 额定值时，延时 10～20 s，过载保护装置动作，使发电机自动跳闸。

船舶同步发电机的过载保护装置主要由自动分级卸载装置和空气断路器中的过电流脱扣器来担当。

2. 船舶发电机的外部短路保护

发生短路的原因不外乎是导线绝缘老化、受机械及生物（如老鼠等）的损伤、误操作以及一些导电物品不慎掉在裸导体或汇流排上所造成。短路时将产生巨大的短路电流，对电力系统的设备和运行有巨大的破坏作用，因此要求装置要正确、可靠、快速而有选择性地断开故障。

短路故障所造成的后果是严重的。发生短路时，由于外路电路负载被短接，发电机定子绕组中将产生极大的短路电流，电网电压也急剧下降。例如，当发电机端部发生三相短路时，短路电流可达额定电流的 10 倍以上；此电流产生的热量和机械力可比正常值大出一百倍以上，对发电机有巨大的破坏作用。电压的下降，会使电动机停转，甚至使发电机全部断开，导致全船停电。

为了防止短路故障，对于运行人员来说，应在平时加强对设备的维护管理，定期检查各主要电器设备的绝缘情况，严格执行操作规程，消灭误操作。为了限制短路故障的破坏作用，在技术措施方面则必须装设继电保护装置，以便在故障发生后，能自动地切除故障部分，保护设备，防止事故扩大，保证非故障部分正常运行。

处理发电机外部短路的措施：原则是既要保护发电机，又要保证不中断供电。因此，要着重兼顾保护的选择性和快速性问题，视短路点的远近而分别处理。

实现保护选择性有两个基本原则：时间原则和电流原则。时间原则是指以保护装置动作时限的不同，来保证选择性。电流原则是指以保护装置动作的电流值的不同，来保证选择性。

在原理上按时间原则或电流原则都能实现保护的选择性，但由于船舶输电线路较短，线路阻抗较小，电网各段短路电流都很大，因此按电流原则实现选择性保护往往是有困难的，而按时间原则实现选择性保护，则整定比较容易，而且比较可靠。但是，完全按时间原则实现选择性，往往又带来影响保护快速性和使保护装置复杂化等弊病。所以，在一个系统中，常常采用时间原则和电流原则混合的方法，来满足保护选择性和快速性的要求。

一般在船舶发电机短路保护装置中，都设有两套过电流保护装置。第一套为带时限的外部过电流保护装置，又叫短路短延时保护装置。是以时间原则来实现选择性的。第二套为不带时限的电流速断保护装置，又叫短路瞬时动作保护装置。是以电流原则来实现选择性的，并保证了在靠近发电机端短路时，保护动作的快速性。

由上述分析可见，对发电机外部短路保护装置起动值的整定，要考虑到保护的选择性、快速性和可靠性的要求。

对于船舶发电机外部短路保护，我国一般规定：对船舶发电机外部短路保护一般应设有短路短延时和短路瞬时动作保护。短路短延时保护的起动电流整定为 3～5 倍发电机额定电流，动作时限整定为 0.2～0.6 s，作用于发电机跳闸；短路瞬时保护的起动电流整定为 5～10 倍发电机额定电流，瞬时动作于发电机跳闸。

船舶发电机的外部短路保护装置由万能式自动空气断路器中的过电流脱扣器或综合保护装置的过电流继电器来担当。

3. 船舶发电机的欠压保护

欠压是指低于额定值的不正常电压。失（零）压是指电压等于零，即无电压。但习惯上有时把两者统称为失压。欠压保护主要是对作并联运行发电机的保护，同时也是对诸如异步电动机等用户设备的保护。

当调压器失灵或发电机外部短路故障不切除时，将可能产生电压下降的情况。发电机在欠压情况下运行，将引起电机的电流大、电动机转矩下降、发电机过热、绝缘损坏，这对发电机本身和异步电动机的运行等都是很不利的。

发电机欠压保护的任务就是当发电机在低电压时，保证发电机合不上闸或从电网上自动断开。欠压保护实际上还是一种短路保护的后备保护，因为短路时必定会出现欠压现象。对无电流速断保护的发电机，可利用失压保护作为发电机定子绕组相间短路保护。

当电力系统中突然有较大负载增加，如有较大电动机或多台自起动电动机起动或发生暂时性短路和并车冲击电流时，发电机电压也可能有很大的下降，但这是正常或暂时情况，发电机欠压保护不应动作。因此，在整定发电机欠压保护的起动电压值时，应当考虑到对保护动作可靠性的要求。可以用整定起动电压值或动作时限的方法，来躲过这些不应使保护动作的欠压情况。

我国《钢质海洋渔船建造规范》规定，并联运行的发电机应设有欠电压保护并能满足如下要求：

① 用于避免发电机不发电时闭合断路器时应瞬时动作。

② 当电压降低至额定电压的 35%～70% 时，应经系统选择性保护要求的延时后动作。

船舶发电机欠压保护装置的功能由万能式自动空气断路器中失压脱扣器或综合保护装置中的低电压继电器来实现。

4. 船舶发电机的逆功率保护

当几台同步发电机并联工作时，如果其中一台发电机的原动机产生故障，如燃油中断、连接发电机的离合器损坏等，将使该台发电机不但不能输出有功功率，反而从电网吸收功率成为同步电动机运行，这时将使其他的机组产生过载，甚至跳闸而使全船供电中断。另外，当同步发电机在非同步条件下并车时，也可能出现逆功率，强大的整步电流不但影响电网的正常供电，而且交变的力矩往往会损坏机组。这时亦应切断主开关，使投入并联成为不可能。

在以上两种情况下，都是使同步发电机变为同步电动机的运行状态，都是要从系统中吸收有功功率，它相对于发电机输出功率的方向是相反的，故称为逆功率。

当出现逆功率时，要将该发电机从电网上切除，以保证其他发电机的正常供电。

由于船用发电机组的惯量较小，正常并车时在较短的时间内就可拉入同步，所产生的整步电流冲击是短暂的，因此用延时动作躲过投入时的逆功率状态是非常必要的，并且延时最好能具有反时限特性（逆功率10％时，延时10 s；逆功率50％时，延时减至1 s；逆功率达到100％时，应瞬时动作）。

我国《钢质海洋渔船建造规范》规定：

并联运行的交流发电机应设有3～10 s动作的逆功率保护。并联运行的直流发电机应设在瞬时或经短暂延时（少于1 s）动作的逆电流保护。原动机为柴油机的并联运行的发电机的逆功率（或逆电流）保护整定值可整定为额定功率（电流）的8％～15％。

当供电电压下降至额定电压的50％时，逆功率或逆电流保护不应失效，但其动作值可以有所改变。

船舶同步发电机的逆功率保护可由逆功率继电器来实现，整定值是靠调整逆功率继电器的动作值来达到。

二、船舶电网的保护

1. 过载保护

图3-49为一馈线式配电网络，其过载可分成三段来进行讨论。

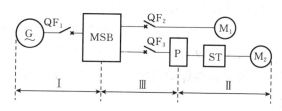

图3-49　馈线式配电网络

（1）第Ⅰ段　发电机G至主配电板MSB之间的电缆。这一段电缆的截面是按发电机额定容量来选择的，它的过载就是发电机的过载，因此完全可以由发电机的过载保护装置来完成。

（2）第Ⅱ段　用电设备M到分配电板P（有的直接到主配电板，如M₁）之间的电缆。这一段电缆的截面通常按电动机额定电流来选择。而电动机一般均设有过载保护，因此同样也保护了这一段电缆。

（3）第Ⅲ段　各级配电板之间的电缆。例如，从主配电板到分配电板的每段电缆。它们过载的可能性较少。因为它们的截面是根据分配电板上所有负荷电流并考虑同时工作系数计算得到的，个别用电设备负载的过载不致引起这段电缆的过载，而大部分负载在同一时间内一起过载的可能性也是极少的，因此这段也不必考虑过载保护。

综上所述，船舶电网中可不必考虑过载保护，也就是说，主配电板、应急配电板以及区域分配电板上的馈电开关可以不设过载保护。然而，由于考虑到船上电动机的过载保护一般都用热继电器，它们的动作特性因受到环境温度影响而不太可靠；又当电缆绝缘破坏时，实际电流可能超过用电设备的总电流而出现过载，因此，现代船舶电网中这些馈电开关均选用装置式自动开关。虽然其过载脱扣器不会对电网的过载保护有多大意义，但对于提高电网的工作可靠性却是有一定作用的。

2. 短路保护

在船舶电力系统中，由于电器装置安装不良，使用不慎，电机、电器和电缆绝缘的老化，机械直接损伤或其他原因，可能发生网络的短路现象，因此电网必须设计短路保护。

船舶电网短路保护（当电网发生短路时能自动切除故障）的最重要问题是保护装置的选择性，也就是故障发生时，保护装置只切除故障部分，而不使前一级保护装置动作。这样就保证了其他没有故障的设备能继续正常运行。

为了实现电网选择性保护，通常也按时间原则和电流原则进行整定。

（1）时间原则　以各级保护装置动作时间整定值的不同来实现选择性保护。动作时间应保证从用电设备至电源方向逐级递增。

按时间原则整定的选择性保护系统，其保护性能较可靠，原则上可应用于任何电力系统。

框架式自动空气断路器具有非常可靠的按时间原则的保护特性，不仅用作发电机的保护，而且同时用它作为发电机出线端至汇流排主开关电源侧电缆的短路保护，还作为远处馈电线路短路时下位短路保护的后备保护。

（2）电流原则　以各级保护装置动作电流整定值的不同来实现选择性保护。动作电流应保证从用电设备至电源方向逐级递增。距离电源越远处短路时，短路电流越小；越靠近电源级时，动作电流越大。

采用电流原则得到选择性保护的优点是短路时动作迅速。其动作的时间仅决定于保护装置的固有动作时间，通常约为 0.1 s；缺点是常常受开关断流容量的限制，并易受外界因素的干扰，级间协调也较困难。故往往用于容量不大的船舶电力系统中。容量较大或比较重要的电网目前都采用选择动作比较可靠的时间原则作选择保护。

利用装置式自动开关的电磁脱扣器能实现按电流原则的选择性短路保护，但因船舶电网各级短路电流的计算值难以精确求出，并且各级短路电流有时差别不大（电缆长度短），故按电流原则来实现短路保护的选择性是有一定局限性的。利用各级装置式开关热脱扣器的反时限特性相互协调配合，可以满意地实现各级电网的过载保护的选择性。

船舶电网短路保护的选择性多采用时间原则和电流原则混合使用。

装置式自动空气开关装有电磁式脱扣器，大量应用于各种配电装置，熔断器一般用作电网末级及电动机的短路保护。

为了确保电网短路保护的选择性，由主配电板到各用电设备，应限制保护级数，对动力负载，不得多于 4 级，对于照明负载，不得多于 5 级。

三、单相接地及绝缘监视

对于中性点绝缘的三相三线制船舶电网，用绝缘指示灯（俗称地气灯）监视单相接地，用专用配电盘式兆欧表或绝缘监视仪监视电网绝缘。

1. 单相接地

三相绝缘系统如果发生单相接地，虽然不影响三相电压的对称也不影响用电设备的正常工作，但存在两种危险性隐患。

① 增大了人体触电的危险性，当人体触及带电体时，使人体通过接地相直接与线电压构成导电回路。

② 如果另外一相再发生接地便造成线间短路的危险性。因此，对单相接地必须监视，及时发现并予以消除。

船舶上一般采用指示灯法来进行。

指示灯法检测单相接地检测原理图如图 3-50 所示，当电网正常时，按下按钮，三个灯亮度相同。若 A 相线路上某点接地，按下按钮时，a 灯短路不发光，另两相的灯的电压从相电压上升为线电压，两灯异常亮；若 A 相线路漏电，虽然 a 灯还能发光，但三个灯的亮度有显著区别，从而可指示出线路绝缘情况；但三相线路绝缘均下降，情况就不易辨别。所以，这种方法叫单相接地检测。

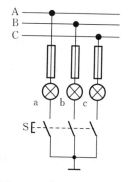

图 3-50　接地监视指示灯

2. 绝缘监视

船舶电网和电气设备绝缘性能降低或损坏会造成漏电，是触电、火灾及电气设备损坏等事故的重要原因。

为了安全工作，在船舶上必须经常测量、检查船舶电网对地绝缘情况。在不带电情况下可用摇表来测量，但船舶电网大部分时间都是带电的，所以要用接地灯或兆欧表来检测。采用接地灯法在三相绝缘同时降低时便无法测量。采用接地灯或兆欧表均不能进行连续监测和自动报警，而电网绝缘监测仪却能在绝缘电阻降低到一定值时发出声光报警信号，提高了供电的可靠性。

（1）兆欧表　兆欧表包括两个部分：测量机构（表头）和附加装置（整流电源）。表头是磁电仪表，当有直流电通过动圈时，此电流与永久磁铁在气隙中所产生的恒定磁场相互作用，使仪表可动部分发生偏转。当这个作用力矩与游丝产生的反作用力矩平衡时，就指示了一定的数值。兆欧表的测量原理如图 3-51 所示。

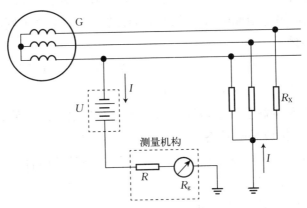

图 3-51　测量电网绝缘电阻原理

从图中可以看到，流过表头的电流仅与电源电压 U 及被测的绝缘电阻 R_x 有关。由于通过发电机的定子绕组可形成通路，故测得的 R_x 是三相分别对地绝缘电阻的并联电阻值。

（2）ZCB-1 型电网绝缘监测仪　ZCB-1 型电网绝缘监测仪的方框图和电气原理图如图 3-52 和图 3-53 所示。基本原理如同兆欧表，亦是采用交、直流双回路系统，主电路将电网对地绝缘电阻的变化变成直流电流的变化，只要找出它们之间的对应关系，就可用直流电流表来显示电网的绝缘电阻值。

取样电路的作用是将直流电通过取样电阻，获得取样电压，去触发电子

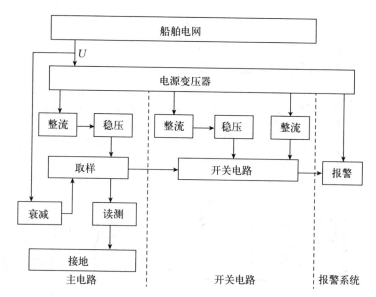

图 3-52　ZCB-1 型电网绝缘监测仪

开关线路，从而带动继电器，使报警系统工作。取样电阻分四挡可调，因而改变取样电阻的大小，就可改变触发电平的大小，这样就可获得不同绝缘电阻值的报警。

测量的通路是：由 B_1 经半波整流、滤波及稳压后，在 AB 两端得到一固定的直流电压，电流由 A 端（正极）经 R_1、W_1、取样电阻、$k\Omega$ 表、常闭按钮、绝缘电阻 R_x，最后经接地点回到 B 端（负极）。当电网绝缘电阻降低时，该通路中的电流将增加，在取样电阻上的压降也增大，它使 BG_1 基极上的电位升高，当达到斯密特电路触发电压后，BG_1 导通，BG_2 截止，使 BG_3 导通，使继电器 J 有电动作，发出声光报警信号。

开关电路由斯密特电路、倒相电路和继电器组成。斯密特电路单独由 B_2 经整流、滤波和稳压后供电。为提高触发灵敏度，该电路设置了上下偏置。为减小回差，加快翻转速度及改善脉冲电路温度特性，在 BG_1 的射极加接负反馈电阻 R_i。为了防止交流分量的影响，在 BG_1 基极对地接有 $C_5 = 20 \mu F$ 的电容。

倒相电路另用一组电源供电，这样就保证了前后级可靠地工作。为加深 BG_3 的截止深度，适当改善温度特性，使 BG_3 能很好地工作在饱和和截止状态，从而减小管耗，在 BG_3 射极加接两只硅开关二极管，使继电器能更可靠地工作。

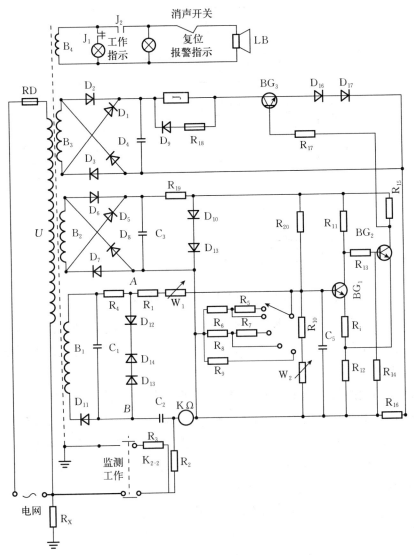

图 3-53　ZCB-1 型电网绝缘监测仪的电气原理

　　该测量仪能连续测量电网对地绝缘电阻，并在电网绝缘电阻等于或低于所选要求报警值时，能自动发出声光报警信号。另外继电器还备有一副触头，可供远距报警或其他自动控制用。

　　当按下按钮 K_{2-2} 时，断开工作常闭按钮，接通监测常开按钮，使端电压经 R_1、W_1、取样电阻、$k\Omega$ 表、R_2 及 R_3 回到 B 点，因为 $R_3 = 10\ k\Omega$，故在监视位置时，$k\Omega$ 表应指示出 $10\ k\Omega$ 绝缘电阻值，并应能发出声光报警信号，以检查仪表的工作是否正常。

除了上述的保护外，为了保证电网的正常运行，无论是照明电网还是动力电网，船舶规范对绝缘电阻都有明确的要求，一般均要求大于 1 MΩ。不论是一次系统还是二次系统，均应设有连续监测绝缘电阻的装置，且能在绝缘电阻异常低时发出声光报警信号，以便值班人员及时发现绝缘低下并及时排除。

四、岸电相序和断相保护

船舶在接用岸电时，当相序接错或少接一相时，电动机将发生倒转或单相运行，从而导致电力拖动装置在机械或电气方面的受损或破坏。为了防止这样的故障发生，岸电应该设置相序及断相保护。

为确保接用的岸电相序正确，通常用相序指示器或叫相序测定器来检测岸电的相序。若相序正确，则相序指示器的白灯（或绿灯）亮；若错误，则红灯亮。当红灯亮时，应改接三相中任意两根线的接线次序。

用逆序继电器对岸电的相序和缺相进行保护。若岸电相序错误或缺相时，逆序（或称负序）继电器动作，使岸电开关合不上闸或断相时岸电开关跳闸。

为避免船舶电网供电时接入岸电而发生非同步并联事故，所有船舶发电机（包括应急发电机）的主开关与岸电开关之间均有连锁保护。只要有船舶发电机供电，则岸电开关就自动跳闸或岸电开关合不上闸。

常用的相序指示器由一个电容器和两个指示灯（一红一白）星形连接组成，如图3-54所示。两个灯的灯丝电阻 R 相等，并等于电容的容抗 X_c，因为是三相星形连接无中线的不对称电路，故两个灯和电容的三个相电压不对称。若电容器接 A 相，白灯（L_1）接 B 相，红灯（L_2）接 C 相，则白灯电压比红灯的高，为正确相序。反之，红灯电压高于白灯时，为逆相序。

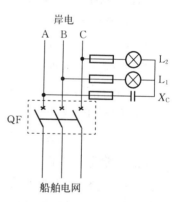

图 3-54 相序指示器

交流船舶接岸电时，还应注意如下各项：

① 检查岸电电力系统参数（电制、电压和频率）是否与本船电网参数

一致。若电制、频率相同，仅电压不同，可通过调压器将岸电电压变换成与本船电压相等后，再接至船上电网。

② 检查岸电相序与船上电网相序是否一致。新型的岸电箱装有两个开关，可通过切换开关改变岸电相序。

③ 接通岸电后，不允许再起动船上主发电机或应急发电机向电网供电，因此主配电板均设有与岸电的互锁保护，使两者不可能同时合闸。

④ 若岸电为三相四线制时，应将船体与岸上接地装置相连，然后接岸电。

第十节　船舶照明系统

船舶照明通常包括确保航行安全和人员安全照明（如航行灯、信号灯、登放艇区域照明）、船舶工作场所照明（如驾驶室、机舱和甲板照明）以及生活区域照明等。

一、船舶照明系统的分类和特点

1. 船舶照明系统按供电方式作如下分类

（1）正常照明　船舶主发电机供电。

（2）应急照明　应急发电机供电。

（3）临时应急照明　蓄电池组供电。

（4）航行信号灯　正常和应急两路供电。

2. 船舶照明系统特点

（1）正常照明系统　船舶主照明系统分布在船舶内外各个生活和工作场所，提供各舱室和工作场所以足够的照度。主要有以下特点：

① 主配电板上照明汇流排直接向各照明分电箱供电，然后由照明分电箱向邻近舱室或区域的照明灯具供电。

② 不同舱室和处所均有不同的照度要求。

③ 所有照明灯具均设有控制开关。

（2）应急照明系统　船舶应急照明系统主要分布于机舱内重要处所、船员舱室、艇甲板及各人员通道。它在主配电板失电、主照明系统故障情况下作应急照明使用。主要有以下特点：

① 应急发电机通过应急配电板及专用线路供电。

② 灯点较少，无照度要求。

③ 照明电压与主照明系统相同。

④ 需要足够的用电量。

⑤ 除驾驶室，救生艇、筏存放处的舷外的应急照明灯外，在应急照明电路中不应装设就地开关。

⑥ 应急照明系统的布置，应使其在主电源连同其变换装置（如设有时）、主配电板和主照明配电板的处所内发生火灾或其他事故时，不致受到损害。

（3）临时应急照明　在主照明和应急照明系统发生故障时，临时应急照明系统应能发挥作用。主要分布在驾驶室、船舶重要通道、扶梯口和机舱重要处所。主要有以下特点：

① 它的灯点少，无照度要求，灯具涂以红漆标志。

② 馈线上不设开关。

③ 小应急照明由蓄电池组供电，与主、应急照明系统之间有电气连锁。

④ 它应能连续供电 30 min 以上。

⑤ 不应在临时应急照明的馈电线上装设开关。

（4）航行灯、信号灯　航行灯由前桅灯、主桅灯、艉灯、左右舷灯和前后锚灯组成，用于船舶夜航和指示船舶的状态和相应位置。驾驶室设置专用的航行灯控制箱，由主配电板和应急配电板两路供电。航行灯每盏灯具都为双套，其中一个作备用，可在控制箱上切换。

每一盏航行灯均应由安装在驾驶室内易于接近位置上的航行灯控制箱引出的独立分路供电，且应在这些分路的每个绝缘极上用安装在该控制箱上的开关和熔断器或断路器进行控制和保护。

船长不小于 24 m 的船舶，应设有在每一盏航行灯发生故障时能发出听觉和视觉报警信号的自动指示器。如果采用与航行灯串联连接的指示灯，则应有防止由于信号灯故障而导致航行灯熄灭的措施，并应设有航行灯控制箱电源故障的听觉和视觉报警。

信号灯均应由其控制箱引出的独立分路供电，而且在这些分路的每一绝缘极上用安装在该控制箱内的开关和熔断器或断路器进行控制和保护。一般采用两路电源供电，在驾驶室实现控制。为了适应某些国家的港口和狭小水通道的特殊要求，远洋船舶的信号灯设置比较复杂。这些信号灯通常安装在驾驶台顶上专设的信号桅或雷达桅上，按照规定十数盏（8～12 盏）红、绿、白等颜色的环照灯分成两行或三行安装。

航行灯、信号灯控制箱应直接由应急电源和临时应急配电板供电，或者直接由应急配电板和主配电板供电；或（对船长小于 45 m 的渔船）由主配电板和备用电源供电。

二、船舶常用灯具类型与控制线路

1. 船舶常用灯具的基本类型

（1）防护型　用于干燥舱室，如船员居住舱、驾驶室、报务室等。

（2）防潮型　用于有较大潮气的场合，如走道、厨房、洗衣间等。

（3）防水型　用于有水滴、溅水和凝水的场所，如露天甲板等。

（4）防爆型　用于可能积聚易燃易爆气体和各有关危险区域，其密封性能最好。用于装有易燃性物体和存在爆炸性气体的舱室，如蓄电池室等。

2. 船舶照明系统控制线路

（1）单联控制　单联控制采用单个开关来控制照明灯具的接通与断开，常见的有单极开关控制和双极开关控制两种。一般安装场所可用单极开关控制，潮湿及有爆炸危险的场所应采用双极开关控制。图 3-55 所示是单个开关控制的线路图。

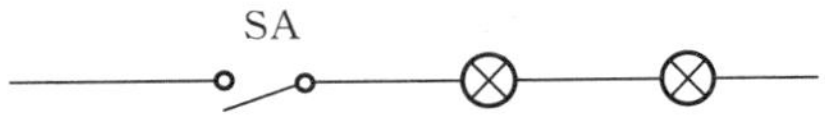

图 3-55　单个开关控制的线路

（2）双联控制　需要在两个地方均能控制同一盏灯的电路，称为双联控制。双联控制有两种接线方式：一种是电源线进开关的双联开关控制，如图3-56 所示；另一种是电源线进灯具的双联开关控制，如图 3-57 所示。两个双联开关装设在两处，每一处的开关均可独立地控制灯的开关。

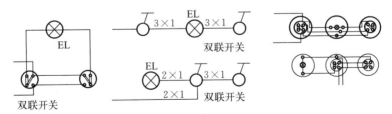

图 3-56　电源线进开关的双联开关控制

（3）荧光灯控制线路　图 3-58 为日光灯接线原理。

（4）高压汞灯接线图　图 3-59 为高压汞灯接线原理图。

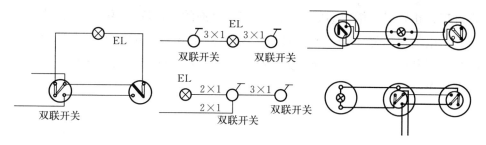

图 3-57 电源线进灯具的双联开关控制

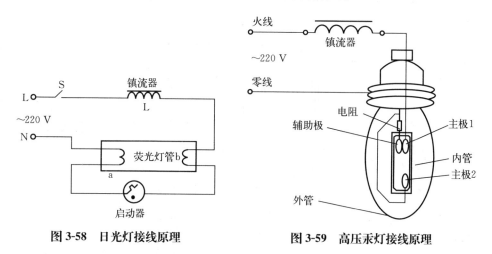

图 3-58 日光灯接线原理　　　　　图 3-59 高压汞灯接线原理

3. 探照灯、投光灯

探照灯和投光灯同是强光照明灯具，探照灯具有近乎平行的光束，射程远、光照集中；而投光灯的光束是在有限的立体角内向外扩散，投射面较宽，相对射程较短。两者具有不同的照明效果，其用途也不相同。

探照灯主要用于船舶夜航，尤其是通过狭窄航道，内河河道等比较复杂的水域时照射航道及两岸；水面搜索及营救工作；远距离发送灯光信号通信。

投光灯主要用于舱面照明，救生艇、筏处收放时的就地水面照明，上下舷梯、烟囱标志、船名牌照明；机舱内补充照明等。

探照灯和投光灯一般都由正常照明供电，救生艇旁的投光灯应由应急配电板供电。功率在 300W 以上的探照灯或投光灯应由分电箱设独立分路供电。所有装于室外的探照灯和投光灯均可在驾驶台通控切断。

4. 航行灯的控制

图 3-60 为 K7 型航行灯控制器原理图。图中 No.1、No.2 表明该控制器由两路电源供电，由 SA_9 开关实行转换。$KA_1 \sim KA_7$ 是电流继电器，当航

行灯工作正常时，继电器触头断开；双丝灯泡的航行灯只要有一路发生故障断开，电流继电器失电，触头闭合，蜂鸣器 HA 就鸣响。工作人员确认哪路灯丝断开后，把该路转换开关切换，就能使电路恢复正常。图中还设有电源电压测试点。

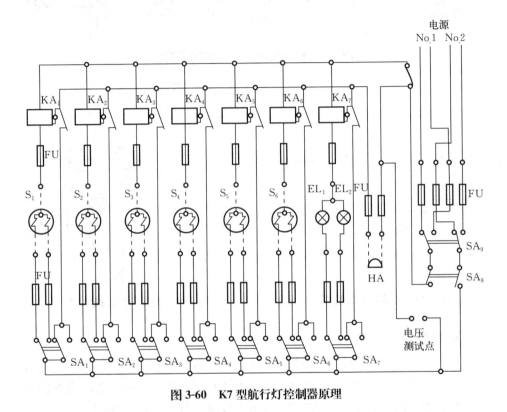

图 3-60　K7 型航行灯控制器原理

三、船舶照明系统的维护保养

1. 照明系统的维护周期和要求

对普通照明及可携式灯具应测量线路的绝缘电阻（正常情况下大于 $0.5\,M\Omega$）、检查灯头接线是否老化和开断、对于室外灯具应检查其水密性能与锈蚀，凡有损坏的应及时更换，通常周期每半年一次。

对应急照明，则每月进行一次效能试验，每半年测量一次绝缘电阻。

每次开航前，应检查航行灯信号灯的供电电源、灯具及故障报警装置。探照灯、运河灯在使用前应检查其电源、开关、连接电缆和灯具的水密性能及绝缘电阻情况。每一照明电路应设有过载和短路保护。

2. 船舶照明系统维护保养注意事项

① 尽量避免带电更换灯泡，更换的灯泡应与电源电压一致，功率不能超过灯具允许的容量。

② 在检修某些特殊部位，如辅锅炉内部、柴油机曲拐箱、压载舱、储水柜等地方时，须用临时照明时，必须使用带有安全网罩的 36 V 以下的低压行灯。装卸易燃危险货物时，不可使用携带式货舱灯。

③ 应急照明灯具应涂以红漆标记，以示区别，经常检查灯泡是否良好，损坏的应及时更换。

④ 甲板、船桥等露天投光灯具，开灯前应先脱去帆布，用完要及时将帆布罩妥。

⑤ 室外水密插座，通电前先检查插头螺母是否旋紧，取出插头前检查电源是否切断，用毕后应旋紧防水盖。

⑥ 要考虑到供电线路和开关的载流量，各相电流分配是否平衡，并要配备好保护装置。

⑦ 对灯光诱鱼作业大量使用的气体放电灯的高压触发装置，应安装在专用舱室内，并具有良好的通风设施。

⑧ 鱼舱、冷藏鱼舱、鱼货加工间、速冻间、消防设备控制站及其他类似舱室的照明开关不应设在室内。潮湿处所及有爆炸危险处所，其照明开关应能切断所有绝缘极。

⑨ 在有爆炸危险的处所内，应采用带有自给式蓄电池的本质安全型、增安型、隔爆型或正压型的可携灯具。可携式照明灯具不得使用电缆供电。

⑩ 鱼舱（包括冷藏鱼舱）内设置的固定照明，一般应设有专用的照明控制箱控制。控制箱应安装在鱼舱外的适当位置。每一鱼舱的照明应有独立分路。每一分路除设有能切断所有绝缘极的开关和熔断器外，应装有电源接通指示灯。

四、船舶照明系统的常见故障检查

1. 短路故障

船舶照明系统的短路故障往往是线路受潮或绝缘受损造成的。这种故障的常见现象是：一通电，空气开关就跳开或熔断丝烧断。检查时，应先切断电源，将万用表置 $R \times 1\ \Omega$ 挡，把两测量表棒置在线路两端（这时，因线路有短路，万用表指针指零）；然后，将各并联支路开关逐个断开予以排除。当断开某一路开关，万用表电阻指示值明显增大时，说明该支路存在短路故障。

也可采用"挑担灯法"检查，如图 3-61 所示。当线路有短路，保险丝 FU 烧断时，可以用较大功率的灯泡 HL 并联在烧断的保险丝两端（挑起接通电路的担子，故俗称挑担灯）。然后将各支路开关顺序依次断开，当断开某条支路时，挑担灯的亮度突然变暗时，说明短路故障就在该支路上（断开该短路支路，短路电流消失，线路总电流减小，挑担灯亮度变暗）。确定某条支路存在短路故障后，即

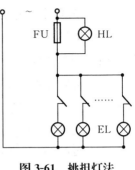

图 3-61　挑担灯法

可顺着线路对照明灯具和接线桩头进行逐个检查，找寻出短路点。

2. 接地故障

船舶照明系统的接地故障，一般可用 500 V 兆欧表进行检查。

照明线路的绝缘值应大于 0.5 MΩ。当兆欧表测得的绝缘电阻值小于 0.5 MΩ 或零，则说明线路受潮或绝缘老化导致对地绝缘电阻降低或对地短路。

接线故障点的检查可采用"对分法"检查。将故障线路故障分为前后两段，测量各自的绝缘电阻，找出有接地故障的那一段，再进行"对分检查"，把故障点的查找范围逐渐缩小。

3. 断路故障

船舶照明系统的断路故障表现在线路不通，灯泡不亮。其原因大多是线路被机械损伤，由于震动而造成的接线桩头处松脱，灯具开关接触不好或损坏。故障点的查找可采用"通电法"。

"通电法"时，可将万用表置于量程高于被测值的电压挡。应一头固定在供电端，另一头逐步向灯具端移动，正常时无电压，移到某处发现电压正常，即是断路发生之处。

"断电法"检查时，分断电源开关，把万用表置 $R \times 1$ kΩ 或 $R \times 10$ kΩ 挡，如被测电路或灯具两端电阻值为无穷大，则可判断该段线路或灯具处有断路故障。

第十一节　船舶自动化电站

一、概述

1. 一般对船舶电站自动控制系统有如下要求

① 船舶电站的备用发电机组应能随时迅速（不超过 45 s）自动起动并

自动投入电网供电（有两台机并联工作时，应能自动同步投入）。

② 各发电机的主开关应能防止短路时的重复合闸。

③ 当电网电压、频率持续变低及负荷持续超过预定的最大值时，或运行机组发生故障时，应在集控室的主、辅机控制台发出警报，并发出起动指令，使备用发电机组迅速自动起动，并自动投入电网供电。

④ 当船舶电站过载时，应能自动卸除次要负载。

⑤ 能自动起动的多台发电机组应装有程序起动系统或人工选择开关，程序起动系统在某机组起动失灵或不能合闸时，应能自动地将起动指令转移给另一台备用机组。

⑥ 船舶电站的自动控制或遥控失灵时，应能进行手动控制或就地控制。

⑦ 瞬态条件所反映的信号（如电动机的起动电流）不应使发电机组产生不必要的自动起动。

⑧ 在主配电板应能起动和停止发电机组、接通或切断跨接母线、控制两路独立供电电源的转换，并有测量及显示机组运行情况的仪表和报警设备；应能控制各电动机负载按程序起动，以免过大的冲击电流而使主开关跳闸。

2. 船舶自动电站大多可以实现下列自动化操作

① 自动起动任意一台发电机组。当柴油发电机处于停机状态时，而且发电机主开关也没有合闸，如有令发电机组起动的信号时，该机就能实现自动起动。

② 自动准同步并车。若电网上有机组供电，则机组自动起动成功后，将新起动的机组自动投入电网并联运行。

③ 自动恒频及有功功率自动分配。当两台机组并联运行时，自动调频调载装置与原动机调速器配合工作，使电网维持恒定频率，偏差不大于 $0.25\,Hz$，并使两台机组承担的有功功率按机组容量成比例分配。

④ 欲使一台机解列时，自动装置应将其负载自动转移至运行发电机后，才接受跳闸指令实现自动解列。

⑤ 自动恒压及无功功率自动分配。无论单机还是并联运行，自动调整励磁装置总能保持电网电压维持恒定，误差不大于 $\pm2.5\%$。同时能调整并联运行发电机的无功分配，使之合理分担。

⑥ 有自动分级卸载装置及按程序顺序起动装置。当电网负载超过额定负载时，可分一次或二次卸掉次要卸载，当电网失电后又恢复供电时有使重要负载按顺序起动的自动装置。

⑦ 集控室中设有监视仪表、信号指示灯、报警设备和人工控制按钮、复位按钮和转换开关等。

二、柴油机自动起停控制

船舶辅柴油机可以有电动起动和压缩空气起动两种方式。电动起动一般用于应急发电机的原动机，主发电机组一般采用压缩空气起动。

从柴油机开始起动直到在额定转速下工作需要注意以下几个问题：

1. 起动前的预润滑

自动控制预润滑有周期性自动预润滑和一次性注入式预润滑两种方式。

2. 起动时燃油的控制

柴油机的喷油量是由调速器和控制手柄控制的。起动时，调速器尚未正常工作，这时的燃油量可用手柄来限制。

3. 暖缸

在自动电站中，通常是将各台柴油机的冷却淡水管系连成一个整体，运行机组的冷却水（约 65 ℃）也循环于备用机的冷却系统中，使备用机组处于预热状况，当备用机组起动成功后，可以较快地加速（甚至无需暖缸）直到额定转速运行。

4. 停机

不同形式的机器可能有不同的要求。突然停机，对某些机器而言是不能承受的，它要求在中速下先运行一段时间（一般要求为 180 s），待温度逐渐降低，然后才允许断油停机。

柴油发电机组自动起动和停机控制应包括以下功能：

① 应有"自动""机旁""遥控"操作方式的转换并能满足"机旁"优先于"遥控"，"遥控"优先于"自动"。

② 对自动起动的各种准备工作设置逻辑判断和监视。

③ 接到起动指令时能自动起动柴油机。当转速和滑油压力达到规定值时，能发出起动成功信号。

④ 一个起动指令，可以允许三次起动，若三次失败，应给出起动失败信号，并向总体逻辑控制单元汇报"起动失败"，以便由"总体"判断采取其他措施。

⑤ 适当控制起动时的给油量；柴油机发火后，应切断起动动力源。

⑥ "中速运行"和"加速"控制。

⑦ 当转速上升到额定值的 90% 时，即可认为整个起动加速程序完成了，应自动切断本机的预润滑系统，并经适当延时（约几十秒）以后，接入对本

机的滑油压力监视。

⑧ 具有超速保护。

⑨ 运行机组接到"停机"指令后，即按应有的程序自动停机，停机完成后，发出"停机成功"信号，并应自动接通预润滑系统，做好下次起动的一切准备。

⑩ 自动起动、停机控制器，最好具备"模拟试验"的功能，使运行管理人员能在不影响柴油机原始状态下，校核控制器的工作是否正常。通常用组合开关和指示灯来实现。柴油发电机组的自动起动程序，可以用方框图图3-62 表示。自动停机的程序框图如图 3-63 所示。

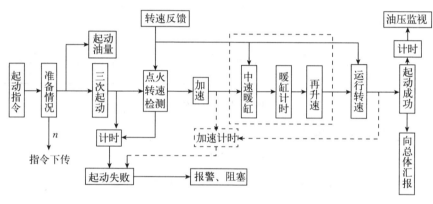

图 3-62　自动启动程序

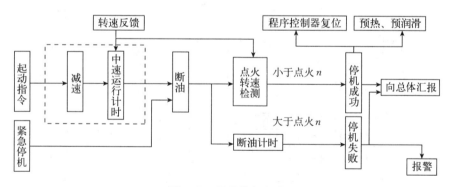

图 3-63　自动停机程序

三、船舶电站自动控制

1. 总体控制功能

在具有要求多台机组并联供电的电站中，若要满足"无人机舱"的要求，实现电站自动化，必须将各个自动环节有机地联系起来，组成一个总体控制系统，用来收集来自各台柴油机、发电机、断路器、汇流排以及各主要负载的必要的信息及参数，加以分析、判断，在一定的条件下，自动地采取符合逻辑的措施，以处理电站运行中可能出现的各种情况，确保电力系统安全可靠、经济的运行。图 3-64 为电站自动控制系统方框图。

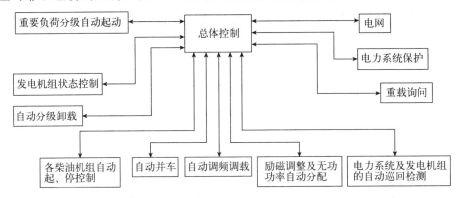

图 3-64　电站自动控制系统

2. 电站自动控制装置

它主要由 8098 单片机、可编程电路、信号检测处理单元、驱动单元、保护单元、指示单元以及信号输入输出接口电路等组成。如图 3-65 所示。

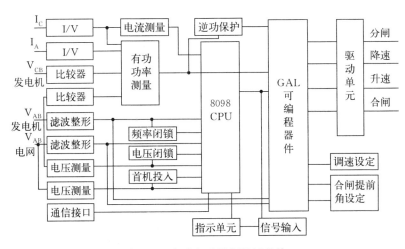

图 3-65　电站自动控制装置结构

电站自动控制装置在计算机软件系统的控制下能实现以下主要功能：① 控制交流发电机组的首机投入，② 自动并车，③ 自动调频调载，④ 自动解列，⑤ 保护功能，⑥ 参数测量，⑦ 连锁功能。

第四章　船舶电气安全管理与维护

第一节　船舶安全用电常识

一、触电方式

触电是指人体触及到带电体，受到较高电压及较大电流作用，引起人体局部受损或死亡现象。分三种触电方式（图 4-1）。

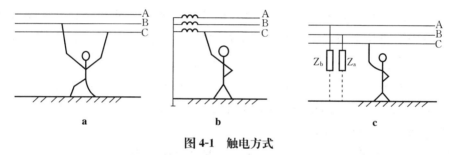

图 4-1　触电方式

a. 双线触电　b. 中性点接地的三相四线单相触电　c. 电源中性点不接地的系统单相触电

1. 双线触电

人体同时触及二相电压，此时人体承受较高的线电压，且通过内脏，危险性最大。

2. 中性点接地的三相四线中单相触电

电流通过人体和中性接地点形成闭合回路，此时人体只承受相电压，危险性仍然较大。但相对双线触电要小些。

3. 电源中性点不接地的系统中单相触电

此时人体电阻与另二相的绝缘电阻串联后接于线电压，其危险性程度主要取决于对地绝缘电阻和人体电阻的大小。

二、触电的原因及预防

1. 原因

① 没有领会有关规程，在思想上麻痹，违反操作规程或误操作而触电。

② 电线或电缆的绝缘层老化或机械碰伤，使绝缘层损坏，人不慎碰到带电导体而触电。

③ 雨天或电气设备溅上水，使电气设备绝缘能力降低产生漏电，造成触电事故。

④ 电气设备的保护接地或保护接零装置损坏等。

2. 人体触电电流及安全电压

触电对人体伤害的程度与通过人体电流的大小、种类、路径和持续时间有关。通过人体电流的大小决定于人体两点的接触电压和人体电阻。人体总电阻是皮肤角质层电阻和体内电阻之和。人体电阻不是固定常数，而且实际触电时的人体电阻和电流还与人体的触电部位和接触紧密程度有关。

电流通过人体，首先是使肌肉突然收缩，使触电者无法摆脱带电体，以致麻痹中枢神经，导致呼吸或心脏跳动停止。通过人体 $0.6 \sim 1.5\ mA$ 的工频交流电流时开始有感觉；$8 \sim 10\ mA$ 时手已较难摆脱带电体；几十毫安通过呼吸中枢或几十微安直接通过心脏均可致死。因此，电流通过人体的路径不同，其伤害程度不同。手和脚间或双手之间触电最为危险。

所谓安全电压是指对人体不产生严重反应的接触电压。根据触电时人体和环境状态的不同，其安全电压的界限值不同。国际上通用的可允许接触的安全电压分为三种情况：

① 人体大部分浸于水中的状态，其安全电压小于 $2.5\ V$。

② 人体显著淋湿或人体一部分经常接触到电气设备的金属外壳或构造物的状态，其安全电压小于 $25\ V$。

③ 除以上两种以外的情况，对人体加有接触电压后，危险性高的接触状态，其安全电压小于 $50\ V$。

我国则根据发生触电危险的环境条件将安全电压分为三种类别，其界限值分别为：

① 特别危险（潮湿、有腐蚀性蒸气或游离物等）的建筑物中，为 $12\ V$。

② 高度危险（潮湿、有导电粉末、炎热高温、金属品较多）的建筑物中，为 $36\ V$。

③ 没有高度危险（干燥、无导电粉末、非导电地板、金属品不多）的建筑物，为 $65\ V$。

3. 预防

① 认真学习严格遵守安全操作规程，强化安全意识。

② 做好设备的维修保养，保持设备绝缘良好及接地保护装置完好。

③ 遇到绝缘损坏及时处理，使之符合安全要求，防止事故扩大。

4. 影响触电伤害程度的因素

① 与电流种类有关。

② 与流过人体的电流量大小有关。

③ 与交流电流频率有关，50 Hz 或 60 Hz 的工频电流对人体的伤害最大。

④ 与电压高低和电流持续时间有关。

⑤ 流经人体的电流持续时间越长，对人体造成的伤害就越严重。

⑥ 与电流流过人体的路径有关。

⑦ 与人体电阻和人的体质有关。

5. 安全用电注意

① 工作服应扣好衣扣，必要时扎紧裤脚，不应把手表，钥匙等金属带在身边；工作时应穿着胶底安全鞋或干布鞋。

② 检查自己用的工具是否完备和良好，如各种钳柄的绝缘，如发现有缺欠，应及时更换。

③ 电气器具的电线，插头必须完好。插头应与所用插座相吻合，无插头的移动电器不准使用。36 V 以上的电气器具应备有接地触头的插头，以便连接保护接地线或接中线。

④ 不要先开启开关后连接电源，禁止用湿手或在潮湿的地方使用电器或开启开关。

⑤ 修理任何线路或线路上的电器时，应自电源处拿掉熔断器，并挂上警告牌。修理完毕后，通电前应先查看一下线路有无其他人在工作，确认无人后，方可装上熔断器，合上开关。

⑥ 换熔丝时，一定要先拉开关，并换上规定容量的熔丝，不得用铜丝或其他金属丝代替。

⑦ 检查电路是否有电，只能用万用表、验电笔。在未确定无电前不能进行工作。带电作业必须经由电气负责人批准，作业时必须有两人一同进行。在带电作业时，应尽可能用一只手接触带电设备及进行操作。

⑧ 在带电设备上严禁使用钢卷尺和带有金属的尺进行测量工作。

⑨ 在维修和检查有大电容器的电气装置时，应将电容器充分放电，必要时可短接后进行工作。

⑩ 工作完毕后检查，清点工具，不要遗漏，特别是在配电板、发电机等重要设备附近工作时更应注意。

三、触电的急救

发现有人触电应立即组织抢救。

1. 迅速脱离电源

触电者触电后会引起肌肉痉挛，往往不能自觉摆脱电源，特别是手心触电后，会将导体握得更紧。如果电源在事故现场附近，应迅速切断电源，但应防止高处触电者坠伤。如电源离现场较远，应随机用各种绝缘物使触电者脱离带电体，要防止连锁触电事故。

2. 做好救护工作

① 伤势较轻，神志清醒，只感心慌、乏力、肢体发麻时，可在救援人员监护下，放在空气清新通风处静卧休息到恢复正常为止。

② 若伤势较重，引起呼吸中枢麻痹，呼吸停止，但心脏仍跳动者，应立即做人工呼吸，若呼吸心跳均停止，应同时施用人工呼吸和人工心脏按压术抢救，做此工作要有信心和耐心，有时须连续进行数小时后，才能使患者复苏。

第二节　船舶电气火灾的预防

一、引起电气火灾的原因

电气设备引起的火灾很多，主要原因：

① 电气设备（特别是插座）由于某种原因，形成短路或接地，在短路点或接地点局部发热、起火。

② 在施工作业中乱拉、乱接电源线，照明线路接用电炉，造成线路过载或短路。

③ 电气设备或电缆长期超负荷工作，温升过高而烧毁。

④ 电压过高或过低，使电机或电器线圈过热。

⑤ 电气设备在故障下（如电机绕组局部短路或接地）运行，引起设备发热烧毁。

⑥ 其他原因引起的电气设备绝缘强度下降或绝缘破坏，通电时发生短路、接地等故障，而引起局部发热。

⑦ 可燃物（气体、液体或固体）遇到电器开关设备的通断产生的电弧或火花、静电放电火花及遇到上述各种热源。

二、电气设备的防火要求

① 电气设备的负荷量在额定值以下，不得超载长期运行，电压、工作制以及使用环境应符合铭牌要求。

② 电气设备安装质量必须符合要求。

③ 严格按环境条件选择电气设备。

④ 防止机械碰伤损坏绝缘。

⑤ 导体连接牢靠，防止松动。

⑥ 按要求定期测量绝缘电阻，发现绝缘电阻过低时，应查明原因及时处理。

⑦ 注意日常维护、保养和清洁工作，防止水溅到电器上。

⑧ 及时排除电器故障。

⑨ 易燃、易爆场所应使用防爆电气设备。

三、电气灭火

电气着火，通常应采取如下措施灭火：① 迅速切断着火电源，② 使用适当的灭火剂灭火。

常用的灭火器有：

(1) 二氧化碳灭火器　其灭火基本原理是窒息作用，所以应谨防人员窒息。同时，二氧化碳汽化时，温度可达 $-78.5\ ℃$，要严防冻伤；二氧化碳与水化合生成碳酸，故不能与水混用。

(2) 1211 灭火器　其灭火原理是在火焰中分解出卤族元素的游离基，从而夺取燃烧中的氧和氢氧游离基，形成稳定分子，使燃烧连锁反应停止，从而抑制了燃烧，其毒性、腐蚀性小，绝热性强，稳定性好。

(3) 干粉灭火器　这里指化学干粉，其主要成分是碳酸氢钠。使用时在压缩的氮气或二氧化碳气体驱动下，喷射在燃烧物上，形成微粒的隔离层，在火焰中受热反应后，分解出不燃性气体和粉雾，稀释氧气和阻碍热辐射，使燃烧连锁反应终止。缺点是粉粒附在电器上善后处理困难。

(4) 水灭火剂　对已切断电源的电气设备或经上述灭火剂已经扑灭的火灾，为防止死灰复燃，亦可视具体情况，施用水灭火。但会降低绝缘，最后还应进行绝缘处理，以使绝缘达到允许值。

第三节　船舶电气设备接地与保护措施

电气设备的接地就是将电气设备的金属外壳、支架和电缆的金属护套与大地等电位的金属船体作永久性的电气连接。它对保护人体不受触电伤害和保证电力系统和电气设备的正常运行都具有重要的意义。为保护人身触电的安全，有两种保护措施，即对电气设备采取保护接地或保护接零。此外，还有为使电气设备正常工作的工作接地（如电力系统中性点的接地、绝缘指示灯接地、电焊机接地等），防无线电干扰的屏蔽接地以及避雷接地等。

一、保护接地

为防止电气设备绝缘损坏而发生触电事故，将电气设备在正常情况下不带电的金属外壳或构架与大地连接，称为保护接地。保护接地是指防止人身触电事故而将电气设备的某一点接地。保护接地只适用于中性点不接地的电网。

保护接地是将工作电压在 50 V 以上的电气设备金属外壳、构架和电缆金属护套等与金属船体做可靠的金属连接。一旦发生这些部件带电时，使站在地上的人体的接触电压和人体电流近于零。保护接地适用于中性点对地绝缘的 500 V 以下的低压电力系统。

根据规范规定，电气设备保护接地有以下几点要求（接线原理图如图4-2所示）：

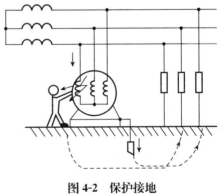

图4-2　保护接地

① 电气设备的金属外壳均需要进行保护接地。

② 当电气设备直接紧固在船体的金属结构上或紧固在船体金属结构有可靠电气连接的底座（或支架）上时，可不另设置专用导体接地。

③ 无论是专用导体接地还是靠设备底座接地，接触面必须光洁平贴，并有防松和防锈措施。

④ 电缆的所有金属护套或金属覆层须作连续的电气连接，并可靠接地。

⑤ 接地导体应用铜或耐腐蚀的良导体制成，接地导体的截面积最低不得小于 1.5 mm²。接地导体电阻不能大于 4 Ω。

二、保护接零

保护接零是设备在正常情况下将电气设备不带电的金属外壳和电网的零线可靠连接，以保护人身安全的一种用电安全措施。保护接零只适用于中性点直接接地的电网（接线原理图如图 4-3 所示）。

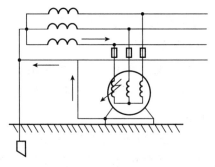

图 4-3　保护接零

应该注意的是，在同一供电线路中，不允许一部分电气设备采用保护接地，而另一部分采用保护接零的方法。否则，当用电设备一相碰壳后，由于大地的电阻比中线的电阻大得多，使经过机壳、接地极和大地形成短路电流，不足以使熔断器或其他保护电器动作，则零线的电位升高，使与零线相连的所有电气设备的金属外壳都带上可能使人触电的危险电压。

三、工作接地

为了防止电气设备在正常或故障情况下安全可靠地运行，防止设备故障引起高电压，必须在电力系统中某一点接地，为工作接地。工作接地是指为运行需要而将电力系统或设备的其中一点接地。

根据规范规定，对船舶电气设备工作接地有以下几点要求（接线原理图如图 4-4 所示）：

① 工作接地与保护接地不能共用接地装置。

② 工作接地应接到船体永久结构或船体永久连接的基座或支架上。

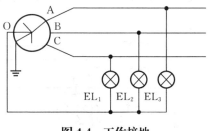

图 4-4　工作接地

③ 接地点位置应选择在便于检修、维护、不易受到机械损伤和油水浸渍的地方，且不应固定在船壳板上。

④ 利用船体做回路的工作接地线的型号和截面积，应与绝缘敷设的那

一级（或相）的导线相同，不能使用裸线。工作接地线应尽量短并固定。

⑤ 平时不载流的工作接地线截面积应为载流导线截面积的一半，但不应小于 1.5 mm²，其性能与载流导线相同。

⑥ 工作接地的专用螺钉直径不应小于 6 mm。

四、屏蔽接地

屏蔽接地是为了防止电磁干扰，在屏蔽体与地或干扰源的金属机壳之间所做的良好电气连接。

根据规范规定，对屏蔽接地有以下几点要求：

① 露天甲板和非金属上层建筑内的电缆，应敷设在金属管内或采用屏蔽电缆。

② 凡航行设备的电缆和进入无线电室的所有电缆均应连续屏蔽。与无线电室无关的电缆不应经过无线电室。若必须经过时，应将电缆敷设在金属管道内，该管道进、出无线电室均应可靠接地。

③ 无线电室内的电气设备应有屏蔽措施。

④ 内燃机（包括安装在救生艇上的内燃机）的点火系统和起动装置应连续屏蔽。点火系统电缆可采用高阻尼点火线。

⑤ 所有电气设备、滤波器的金属外壳、电缆的金属屏蔽护套及敷设电缆的金属管道，均应可靠接地。

五、其他保护

其他保护措施还有保护接零（接线原理图如图 4-5 所示）、重复接地（接线原理图如图 4-6 所示）、避雷接地等。

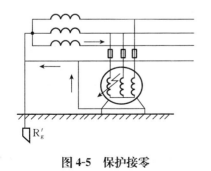

图 4-5　保护接零

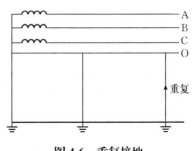

图 4-6　重复接地

第四节　船舶主要电气设备调试与维护

一、发电机和调压器的调试

1. 发电机与不可控相复励调压器配合的发电系统调试

具体步骤如下：

① 在调试期间，为保证配电盘上其他用电设备的正常供电，应把发电机控制屏的隔离开关断开，与主开关连锁的电路暂时断开。

② 为了便于调试，应在移相电抗器与发电机之间接入一个三相隔离开关和一只电压表。

③ 对照图纸核对发电机与调压器，调压器本身的接线是否正确。

④ 测量发电机、调压器的冷态绝缘电阻，一般要求 1 MΩ 以上。

⑤ 对于长期停用检修的发电机或新安装发电机进行充磁。

⑥ 空载试验。

⑦ 当空载试车各方面正常后，方能进行负载调试：首先进行水电阻负载试验，然后进行电阻-电感负载试验。

⑧ 温升试验。

⑨ 过载试验：用 $110\% \ P_N$ 负载运行 1 h，发电机不应超过允许的最高温升。

⑩ 停机后，测量发电机的热态绝缘电阻。

⑪ 整理有关数据。

2. 发电机与可控硅调压器的发电系统的调试

首先对可控硅调压器进行离线调试。可控硅调压器离线调试原理接线图如图 4-7 所示：

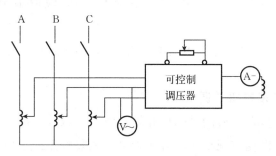

图 4-7　可控硅调压器离线调试原理接线

调节自耦变压器，使调压器的输入电压在额定值附近上下变化，观察触发脉冲前、后移过程，是否符合输入电压上升（即超过 U_N）→脉冲后移，输入电压下降（低于 U_N）→脉冲前移，然后进行联机调试。把调压器按线路图复原接好，在调压器输出端串一个直流电流表（其量程不小于发电机的额定励磁电流），核对线路无误后，起动原动机使其转速为额定值，若能建立电压，应调节控制屏上的电压设定电阻值，空载电压应在额定值左右变化，最后，进行负载调试和有关数据整理。负载调试方法与不可控相复励的调压器的负载调试方法、步骤类同，先进行纯电阻性试验，测取调节特性曲线，其次进行纯电感性负载试验，然后进行电阻-电感负载试验并测取 $\cos\varphi = 0.8$ 的调节曲线，调节其放大倍数，使得静态电压调整率为 $\pm 1\% U_N$，最后进行动态特性试验。注意在这些试验过程中，应注意励磁电流表的读数，不应超过额定值。防止可控硅过载而损坏。

3. 发电机与可控相复励调压器的发电系统调试

首先要对不可控相复励部分和电压校正器分别进行试调，然后，进行综合调试。

① 发电机与不可控相复励部分进行空载。负载试验，其具体方法和步骤与上述发电机与不可控相复励调压器配合的发电系统调试相同，调节复励分量，使其动态特性符合规范要求。

② 电压校正器调试：用自耦变压器提供试验输入电压，输出用模拟负载，并串上一个电流表来监测，对于直流侧分流的，负载本身应带电源。

③ 把电压校正器按线路图复原，起动原动机，保持原动机转速为额定值，进行空载及负载试验，测取静态调节特性曲线，具体试验方法和步骤与上述发电机与不可控相复励调压器配合的发电系统调试的空载及负载试验类同，静态电压调整率达不到 $\pm 1\%$，应调节电压校正器的放大倍数。

④ 整理有关数据：与上述发电机与不可控相复励调压器配合的发电系统调试相同。

4. 无刷同步发电机的调试

由于无刷同步发电机的励磁机和旋转整流器取代了电刷和滑环，它的调压器控制的能量也相应减小，而且多为可控相复励系统，所以，调试方法和步骤与可控相复励发电系统类同。

二、锚机、绞纲（缆）机拖动电气控制系统的调试

1. 空载试验

① 先粗略整定各保护电器。

失压保护继电器：可整定在 $80\%\ U_N$；过流继电器：交流整定为 $110\%\ I_N$，直流整定在稍大于 $2I_N$。

② 接通电源，主令手柄在零位，观察各电器动作情况，零压继电器和三个时间继电器应动作，其他电器不应动作，正、反转逐级操作，观察电动机的转向、转速是否与线路原理图和主令手柄位置相符，并注意观察各挡的起动电流、空载电流。

③ 分别将手柄从正、反转的高速挡快速扳回零位，观察电磁制动器能否迅速制动。

④ 在各挡转速下检查和监听齿轮箱、电动机和各轴承的声音是否正常，一切正常后，空载运行 2 h，检查系统工作情况、轴承温升、电动机发热情况、锚机机械等，不应有异常现象，最后停车测量绝缘电阻。

2. 负载试验

① 将主令手柄扳向"起锚"第一挡，电动机起动，低速运行，记录起动电流、工作电流、转速，再把手柄扳向其他各挡，同样记录，各挡转速应有明显区别。

② 把主令手柄从高速挡快速扳回零位，观察制动器的制动性能，应符合规范要求。

③ 将主令手柄扳向"抛锚"各挡，记录电流和转速，观察能否再生制动匀速抛锚，以及制动器的工作情况。

④ 反复操纵主令手柄，观察电动机、齿轮箱、锚机各部件工作情况是否正常，有无异常声响和震动。

3. 航行抛、收锚试验

测量各挡转速下的电动机的电流和转速，当锚破土时，锚机承受最大的负荷，应准确地记录锚破土瞬间电动机的电流和转速。在锚破土之前，交流锚机应能运行在中速挡上。通常情况下，靠锚机本身的力矩能够拔锚出土。若电动机力矩不能使锚破土，电动机将堵转，这时应靠主机冲车，使船体向前的冲力拔锚出土。

最后，进行双锚的抛锚和起锚试验。

三、舵机拖动电气控制系统的调试

1. 初次通电前的检查内容

① 清洁整个系统包括清洁控制箱、电动机和接线盒、反馈装置、电磁阀和执行电动机等，同时检查自动操舵仪。

② 熟悉图纸及舵机系统的工作原理，检查接线及安装情况是否与线图路相符。

③ 把系统中的熔断器按图纸要求的容量全部校对或装好，指示灯泡应按规定数目安好。

④ 检查绝缘电阻，主回路和控制线路的绝缘电阻必须符合要求，测量时应注意不得损坏各种半导体器件或印刷电路板。

⑤ 检查系统动作的灵活性。如电动机-油泵机组、机械执行机构、反馈装置、舵机装置、手轮、手柄等。

2. 电动液压舵机电气系统调试

① 应急操舵调试。

② 随动操舵调试。

③ 自动操舵调试。

3. 自动操舵调试注意内容

① 测量电源变压器各输出电压是否正确，电源电压在±5％内变化时，操舵仪应能正常工作。

② 舵角变送器和航向发送器的零位调整。如果零位不对，会使左、右舵偏差，灵敏度不对称。零位偏离大时，在自动操舵工作时船舶偏航角的信号会有误差。自动操舵仪安装时会有假零位现象，会产生要左舵来右舵或相反的故障。

③ 检查电源印刷电路板的各输出电压数值，若数值不对，应检查各元件的质量和焊接情况。

④ 检查相敏电路。理论上讲当相敏电路无输入时，应无输出信号，但是电路不可能做到绝对对称，一般都有极小的输出。若输出信号太大，则应检查该电路板上的元件质量和焊接情况。

⑤ 测量无操舵信号时放大器的输入和输出。无偏航和操舵信号时，可控硅无输出或继电器不动作。若有信号输出时应检查放大器或舵角变送器的元件是否损坏或质量有问题等情况。

参 考 文 献

GB/T 22190—2008/IEC 6009201. 船舶电气设备　专辑　电力推进系统［M］. 北京：中国标
　准出版社 . 2008.

Mukund R. Patel. 2014. 船舶电力系统［M］. 汤天浩，许晓彦，谢卫，等，译 . 北京：机械
　工业出版社 .

刘国平 . 2004. 渔船轮机及电气设备［M］. 北京：海洋出版社 .

刘国平 . 2008. 电工工艺与船舶电气系统［M］. 北京：北京大学出版社 .

刘国平 . 2010. 船舶电气与通信［M］. 北京：海洋出版社 .

罗力渊，单海校 . 2015. 电工电子技术与应用［M］. 北京：北京航空航天大学出版社 .

单海校 . 2016. 船舶电站及其自动化［M］. 北京：海洋出版社 .

单海校 . 2016. 电气工程实训［M］. 武汉：华中科技大学出版社 .

王焕文 . 2004. 舰船电力系统及自动装置［M］. 北京：科学出版社 .

薛士龙 . 2012. 船舶电力系统及其自动控制［M］. 北京：电子工业出版社 .

张春来，林叶春 . 2012. 船舶电气与自动化［M］. 大连：大连海事大学出版社 .

张春来，汤畴羽 . 2008. 船舶电气［M］. 大连：大连海事大学出版社 .

中国船级社 . 2007. 钢质内河船舶入级与建造规范［M］. 北京：人民交通出版社 .

中华人民共和国渔业船舶检验局 . 2015. 钢质海洋渔船建造规范［M］. 北京：人民交通出版社 .